营造健康社区

Creating Healthy Neighborhoods:
Evidence-based Planning and Design Strategies

安 • 福赛斯（Ann Forsyth）
［美］埃米莉 • 萨洛蒙（Emily Salomon）　著
劳拉 • 斯米德（Laura Smead）
陈崇贤　夏　宇　译
于一凡　校

中国建筑工业出版社

著作权合同登记图字：01-2019-4013号
图书在版编目（CIP）数据

营造健康社区 /（美）安·福赛斯（Ann Forsyth），（美）埃米莉·萨洛蒙（Emily Salomon）；（美）劳拉·斯米德（Laura Smead）著；陈崇贤，夏宇译. —北京：中国建筑工业出版社，2022.8

书名原文：Creating Healthy Neighborhoods: Evidence-based Planning and Design Strategies

ISBN 978-7-112-27486-4

Ⅰ.①营… Ⅱ.①安…②埃…③劳…④陈…⑤夏… Ⅲ.①社区—建筑设计—研究 Ⅳ.①TU984.12

中国版本图书馆CIP数据核字（2022）第097428号

国家自然科学基金资助项目（51808229）
责任编辑：董苏华　张鹏伟　　责任校对：赵　菲

营造健康社区

Creating Healthy Neighborhoods: Evidence-based Planning and Design Strategies

安·福赛斯（Ann Forsyth）
[美] 埃米莉·萨洛蒙（Emily Salomon）　著
劳拉·斯米德（Laura Smead）
陈崇贤　夏　宇　译
于一凡　校

*
中国建筑工业出版社出版、发行（北京海淀三里河路9号）
各地新华书店、建筑书店经销
北京建筑工业印刷厂制版
北京市密东印刷有限公司印刷
*
开本：787毫米×1092毫米　1/16　印张：15¾　字数：330千字
2022年7月第一版　　2022年7月第一次印刷
定价：**69.00**元
ISBN 978-7-112-27486-4
（38895）

目　　录

中文版序

基于循证策略的健康社区规划设计干预

规划设计作为配置空间资源、塑造环境品质的手段，最早起源于公共卫生的需要。从早期工业化和城镇化进程中应对环境卫生挑战，到 21 世纪主动营造健康的生存、生活环境，人们对建成环境健康影响的认识正在不断加深。自 1986 年世界卫生组织提出“健康城市”的理念以来，北美、欧洲、西太平洋地区相继建立了健康城市网络，相关研究与实践备受关注。对于进入新型城镇化阶段的中国，理解规划设计的健康促进作用，并通过公共政策、技术工具和规划实践创造健康效益，是一件尤其重要的事情。

将健康融入规划设计的实施策略，是健康城市领域的全球性核心议题。由于建成环境的构成要素众多，了解其中哪些要素、以何种方式影响人群健康，成为采取相应规划干预措施的前提。21 世纪以来，相关探索取得了长足进步，然而既往研究中环境变量的选取大多基于专业经验，在很大程度上限制了研究发现的系统性，导致研究成果碎片化程度较高。同时，由于建成环境要素之间存在复杂的内在关联，且不同研究对象的地理、气候、文化背景差异很大，研究结论常常难以消除混杂变量带来的影响，以致部分研究结论备受争议、甚至彼此相左。解决上述问题的可能出路在于：基于可靠的科学认知和理论基础，在达成基本共识的前提下拓展研究的广度和深度；基于循证决策方法探索规划干预的健康产出，及时总结和归纳既有研究成果，在实践中不断提炼和反思。

传统的规划设计决策主要根据技术规范和专家经验作出判断，在很大程度上受制于社会资源组织管理的方式和技术发展的水平。而通过积累和分析事实证据，以研究的思维选择空间举措，则从科学的视角为规划设计决策提供了重要的补充。区别于传统的经验主义工作方法，循证研究关注通过科学证据寻求干预的最佳途径与效益，并已逐步成为 21 世纪以来本领域最重要的研究手段之一。循证研究（Evidence-based research）肇端于 20 世纪 70—80 年代出现的循证医学，其初衷是应用当前所能获得的最好研究依据，结合医生的专业技能与临床经验，以及患者的具体情况制订治疗方案。1984 年，瑞典查尔姆斯理工大学 Roger S. Ulrich 教授在《科学》杂志上发表的研究成果，率先将循证策略应用于建成环境健康影响的探索，通过随机对照实验证明了医疗机构的环境要素具有帮助患者康复的作用。21 世纪以来，循证策略在建成环境健康影响领域的应用，使科学研究与设计实践之间出现了前所未有的紧密合作，为规划设计如何促进公共健康提供了一系列重要的决策依据。

本书在分析全球范围内相关科学发现、实证经验的基础上，总结了 8 大原则、20 项建议，为营造健康社区提供了一份说服力很强、同时又简明易懂的规划设计指南。在这本书里，哈佛大学 Ann Forsyth 教授与 Emily Salomon, Laura Smead 两位美国规划师一起，以促进居民的体力活动和健康水平为目标，梳理了邻里、街道和设施层面的规划设计干预手段。其中大部分规划设计策略是已得到充分的证据或正在不断增加证据的有效举措，对于那些经验认为有益但缺乏验证的手段，作者也提供了客观的评价，可为规划设计实践提供参考。

健康城市的理念意味着通过综合的方法解决多种健康问题。城市规划自诞生之日起始终将健康作为重要的工作目标，但在不同时期对健康负担、健康挑战和健康效益的认识不同，所采取的措施因而也有所不同。当前，新数据、新技术为健康城市研究提供了新的视野和新的方法，然而这一过程中也需要警惕数据分析局限带来的另一个误区，避免对社会空间和建成环境实施粗暴干预。实践中不仅要考虑规划干预的直接结果，也要考虑对系统的影响，考虑采取相关措施的社会经济成本。作者在本书中反复提到行动中的“权衡”，强调关注具体的场景、实施的条件和发展的需求。我们需要认识到，任何规划干预手段和产出都不是在纯粹的实验室条件下发生的，而是在群落内部、外部复杂影响下的结果，其中包含着人群差异、环境差异、文化差异等等。对建成环境特征的描述可以来自一套标准化的技术图纸，但人们的生活却并非千篇一律。规划设计人员需要保持与现实的“联接”，尊重场所使用者的需求与感知，本着以人为本的态度和专业的敏锐观察，在动态中作出明智的响应，这与当前中国城市中普遍开展的社区更新工作和社区规划师制度有着本源的共通之处，值得更多有志之士贡献自己的智慧并付诸行动。

2013—2014 年，我在哈佛大学设计学院（GSD）度过了一年愉快的研究经历，这期间应 Ann Forsyth 教授的邀请担任了健康与场所研究（Health and Places Initiatives，简称 HAPI），即“怡城”项目的研究顾问，并在该项目系列成果中的另外一本《健康生活方式与场所》（*Lifestyled Health and Places*）中撰写了关于健康老龄化的章节。本书的翻译工作自 2019 年开始，期间经历了席卷全球的新冠肺炎疫情，工作的推进殊为不易。然而疫病在人群中的流行与在空间中的传播也使得建成环境对公共健康的影响愈加发人深思，崇贤老师的工作亦显得格外具有现实意义。

于一凡

同济大学建筑与城市规划学院　教授、博士生导师

美国哈佛大学“健康与场所”研究项目（HAPI）顾问

2022 年 1 月 1 日 于上海

致谢

本书的成果得益于多次研讨活动和多方协作。这也是“怡城”（Health and Places Initiative，HAPI）项目的成果之一，其主要研究建成环境如何影响健康。彼得·罗（Peter Rowe）、简夏仪（Har Ye Kan）、戴维·玛（David Mah）和莱丽尔·阿塞西欧·维罗利亚（Leire Ascensio Villoria）等人正在进行“怡城”系列丛书的撰写，与他们交流和沟通为我们提供了非常有价值的帮助。凯瑟琳·克鲁（Katherine Crewe）、阿曼达·约翰逊·阿什利（Amanda Johnson Ashley）和阿里·彭努奇（Aly Pennucci）审阅了书稿，并提供了许多宝贵的意见。

三位作者共同起草附录、绘制相关图解并完善了图表。安·福赛斯（Ann Forsyth）拍摄了大部分照片，包括封面图片。在安塔拉·坦顿（Antara Tandon）的帮助下，雅尼斯·奥尔法诺斯（Yannis Orfanos）巧妙而出色地将图表转换成更一致、更吸引人的形式。劳拉·斯米德（Laura Smead）负责排版，并提供了图 29 即一个小女孩在饮水机旁的照片。埃米莉·萨洛蒙（Emily Salomon）牵头解决了许多细节问题。

本书还参考了关于健康与健康评估工具关系的研究简报，这些研究简报是基于“怡城”项目，并由三位作者通过合理的汇编而成。陈隽昊［Chuan Hao（Alex）Chen］、李奕虹（Joyce Lee）、斯蒂芬妮·林（Stephany Lin）、伊冯娜·姆旺吉（Yvonne Mwangi）、雅尼斯·奥尔法诺斯和蒂姆·切尔维恩斯基（Tim Czerwienski）在协助研究、撰写和审校这些简报，以及健康评估等方面发挥了重要作用。“怡城”项目另一个优秀的研究助理团队完成了其他部分工作：包括赵妗河（Heidi Youngha Cho）、赵相瑢（Sang Cho）、诺敏·贾格达多吉（Nomin Jagdagdorj）、莉迪亚·盖比（Lydia Gaby）、经李欣蓓（Joy Jing）、李威（Wei Li）、卡拉·米歇尔（Cara Michell）、约翰·麦卡廷（John McCartin）、许伟舜（Weishun Xu）和杨丁亮（Dingliang Yang）。

另一些人员审阅了基础资料，帮助我们测试了健康影响评估，包括关成贺（Cheng He Guan）、安德烈亚斯·格奥尔古利亚斯（Andreas Georgoulias）、伊丽莎白·哈明（Elizabeth Hamin）、帕特里克·哈里斯（Patrick Harris）、玛丽亚·路易莎·戈麦斯·希门尼斯（María Luisa Gómez Jiménez）、凯文·克里泽克（Kevin Krizek）、吕瑛英（YingYing Lu）、丽贝卡·迈尔斯（Rebecca Miles）、安娜·里克林（Anna Ricklin）、乔伊斯·罗森塔尔（Joyce Rosenthal）、丽莎·施魏策尔（Lisa Schweitzer）、南希·威尔斯（Nancy Wells）和于一帆（Yifan Yu）。

本研究项目的主要经费由正大集团有限公司（Charoen Pokphand Group Co. Ltd）资助。我们感谢公司代表纳里·菲尼亚瓦塔纳（Naree Phinyawatana）提供了极为有益的反馈。同时，感谢美国规划协会（American Planning Association）Planner Press 的卡米尔·芬克（Camille Fink）和两位审稿人为我们提供了极其有帮助的评论和建议。

前言：迈向健康社区

在未来几十年，世界人口将大幅增长，预计到2050年将达到96亿左右。[1] 几乎所有这些新增人口都将居住在城镇中。如何才能让不同社区和区域中人们的生活、工作与社交方式变得更健康？环境规划和设计可以在这一过程中发挥什么作用？

《营造健康社区》为这项实践提供了指导，涵盖了整个流程以及健康场所营造的具体内容。

本书为营造更健康场所的过程和具体内容提供了一种基于循证的方法。

《营造健康社区》聚焦于健康，因为这是人类生活质量和福祉的根本。它强调的是社区和区域尺度的发展，因为这些是人们日常生活的地方，是更大的城市空间的重要组成部分。

研究、健康、福祉和场所

对于那些致力于使现有社区和区域变得更健康的规划师、设计师、民间领袖和活动人士来说，他们面对的是一项极其艰难的挑战。他们需要考虑与健康相关的各种问题，从空气质量到社会交往，尺度上还要考虑从构成区域的街区到一个小镇或城市。他们还需要知道物理环境在多大程度上能够对健康造成影响。与从生物学到文化方面的健康问题和健康行为相比，营造一个健康场所能起到多大作用？健康的建成环境不仅涉及发展与再开发的问题，也涉及一个地方如何被使用、维护和定价。这些都与政策有所关联，倘若一个漂亮的游乐区太过昂贵以至于让人难以承担，那也仅仅只是视觉上的愉悦而已。

本书能够帮助规划师、城市设计师、活动家和政府官员了解和评估基于健康场所的实证，而这些内容大多来源于其他邻域。对于从事公共健康事业的人来说，可能熟悉书中的许多观点，但本书深入讨论了如何参与社区与区域的规划、建造和再开发等活动。

然而，从研究跨越到行动可能非常困难，主要有三个原因：

- 在一些专题领域有大量的研究需要被评估。然而，这意味着很多具体的工作，需要进行大量的分类和分析才能概览全局。即便只考虑一种规模，即几百至几千人的社区或区域，又或者几公顷至几百公顷或英亩的范围，情况也是如此。虽然有些研究可能也有简报，但不一定包含了具体操作过程。
- 此外，任何研究都无法顾全所有重要的因素，因为环境的变化是如此之多。由此，在理论和实践之间建立起某种联系的桥梁十分必要。

- 最后，许多关于健康和场所之间关系的工作都聚焦于两者之间的实质关联。[2] 但是，要想让环境发生改变，不仅仅需要两者实质关系的知识，也要掌握实施的过程。但是，从确定健康问题的优先级和吸引利益相关方参与，到寻找合适的途径将健康纳入方案和内容策划中这一过程非常复杂。

本书通过三个方面来弥补这些问题：整合研究结果，提出如何在缺乏研究的情况下作出明智的决定，并将其纳入健康导向的规划过程中。

我们根据可用的研究结果制定导则。然而，由于健康和场所之间的联系有很多领域尚未研究，我们基于健康和场所如何关联的框架来制定导则，来弥补这些空白。此外，在营造健康场所的某些方面，例如制定方案和实施想法的过程，并不是健康本身所独有的，而是基于更广泛的实证研究和实践经验。

本书从广阔的国际视角，对营造健康场所的过程和实质内容提出了一种基于循证的方法。它借鉴了健康研究、健康重要性概念框架，以及规划和设计过程的实践和理论研究。总体而言，营造健康社区和区域，既是一系列方法，也是一系列成果，它是建立在社区规划和设计的其他层面基础之上，提供一种多样而全面的途径来提高场所的质量。

当然，这就提出了什么是健康的问题。正如我们后文所描述的，健康是一个很早就受到人们长期关注的话题，并且以其他问题少有的方式引起大多数人的兴趣。虽然它可以被狭隘地视为没有疾病，但那些从事公共健康工作的人通常把它看得更广义——包括了身体、心理和社会状态等处于良好状态。[3] 有些人还认为精神上的健康也要考虑。因此，健康虽然与疾病、残疾和死亡等问题相关，但它实际上涉及的范围更广。

健康的广义概念包括身体、心理、社会，甚至精神健康

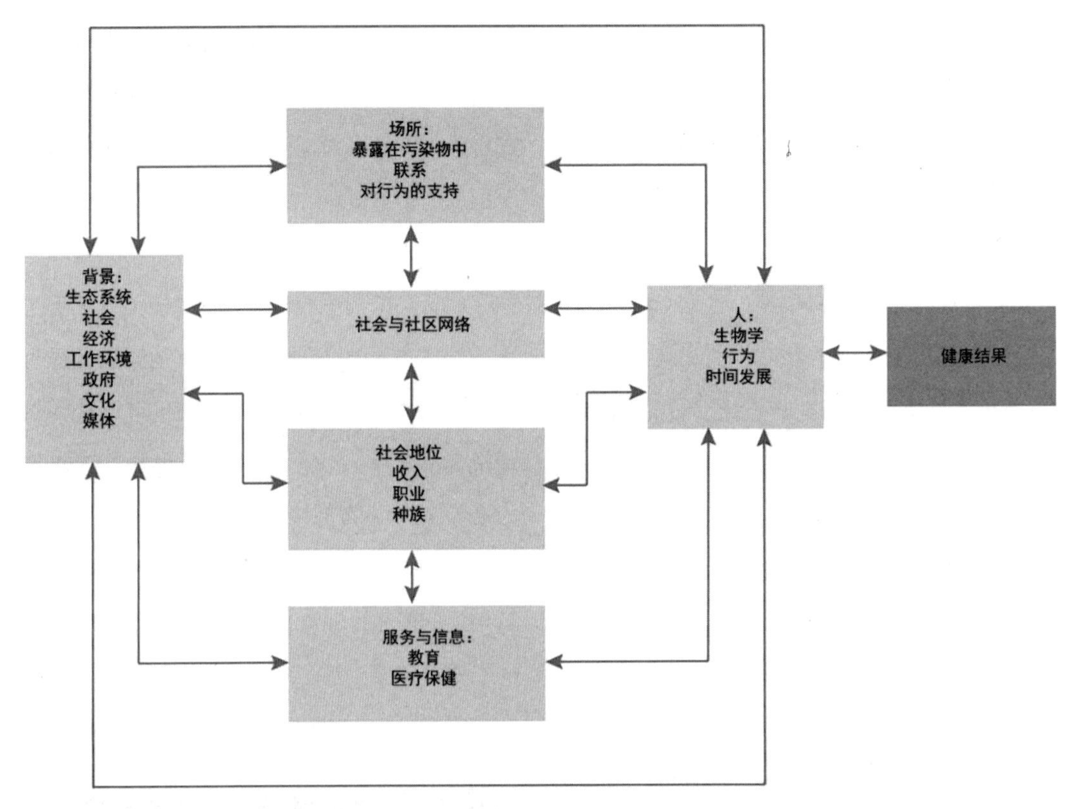

图 1　随着时间的推移，健康、人、场所和更广泛的背景如何联系在一起

健康的成效与生物、行为以及环境等因素有关，环境包括物理空间、更广泛的社会影响以及随时间的发展变化。箭头说明了这些元素之间的复杂关系。

资料来源：本书材料的整合，部分改编自伦敦大学学院健康公平研究所（UCL Institute of Health Equity 2014）

演进中的健康与场所

健康通过许多方面与场所发生关联。图 1 展示了健康如何随着时间的推移与生物学、行为和环境相关联。首先，一个人的生理（性别、遗传和年龄）会影响健康，在生命周期几十年的时间里，这些因素会与行为相互作用。

更大的影响因素是环境背景，例如社区和区域便是其中的一部分。不同尺度的场所，从一个房间到更大的区域，现在或是未来，都有可能使人暴露于各种危险之中。这些包括有害污染物及其危害（从有毒化学物质到虫媒疾病）、刺激物（如花粉）和灾难（例如洪水）。其中一些是人类活动的直接或间接结果，但是其他的，比如地震，是自然发生的。这些因素会影响一个人的生理和行为，从而产生疾病或残疾等健康上的后果。

通过当地环境设计可以支持健康的行为，使其变得吸引人、有趣或让人放松。例如有机会吃得好，锻炼身体，从与大自然的接触中获得心理健康的益处，或者生活在一个安全的环境中。设计也可以降低或避免不健康的行为发生。

最后，场所还可能在不同程度上为不同能力的人提供帮助，过上更健康的生活，如促进就业、医疗保健、购物或社会交往等的物理环境。应该指出的是，并非所有的联系都会带来积极的结果。让人们沉溺于不健康行为或没有促进健康的社交网络，这些都会带来负面的影响。

当然，场所营造本身只是实现健康蓝图和具体实施模式的一部分，但是即使只有部分由场所的具体内容决定，它也起着关键的作用。一个人的社会地位——职业、收入、教育等等，以及更广泛的社区网络对健康至关重要。所有这些都是设定在更广泛的背景下，从经济及更广泛的媒介环境，到构建场所并促进健康行为且带来成效的具体政策和计划。场所物理环境也有一定的作用，但还有许多其他相关因素。

调查与建议的三部曲

本书是哈佛大学设计研究生院“怡城”项目的三部书籍之一，该项目主要探究健康与城市环境之间的联系。每部书都只是关注了总体健康蓝图的一部分。本书则是提供一个了解健康和场所联系的框架，为那些中高收入国家在社区和城市尺度开展规划和设计实践提出建议，本书是三部书中最注重实践的。

由彼得·罗、哈耶·坎和安·福赛斯所著的另一部《中国城市社区：概念、环境和福祉》（*Urban Communities in China：Concepts,*

Contexts and Well-Being），以一个广阔的健康视角探究了中国四个城市的一系列典型住宅区，这些住宅区是近几十年来新建或更新的。中国之所以引起人们的兴趣，是因为近些年它是一个城市快速增长的国家，而且在不久的将来，还将面临人口老龄化的挑战。《中国城市社区：概念、环境和福祉》一书关注的是当下的日常生活。

由莱丽尔·阿塞西欧·维罗利亚和戴维·玛编辑的第三部书，《生活方式：健康与场所》（*Life-Styled: Health and Place*），使用了建筑和风景园林的语汇，是一项更值得深思的工作。该书探究了如何基于健康的思维来激发设计灵感，促发设计创新，并探索如何进行计算性设计——它创造了一个设计的多次迭代——可以应用于研究，而不仅仅是作为追求风格化的一种有趣的选择方式。

这三部书都借鉴了先前“怡城”项目的研究成果，汇总了健康和场所之间联系的研究，即研究简报，并开发了健康评估工具，包括清单和参与形式。这些资源可以在网上免费获取，并为这三项研究提供了共同的资源平台。[4]

这三个研究工作受到如下几个基本思想启发：

- 研究可以为设计和规划提供指导，关键问题是要权衡多项研究的证据。
- 健康是窥探城市设计和规划问题的窗口，它可以激发对创建更好场所的畅想。
- 虽然环境很重要，但还有很多其他因素对健康产生影响，从生物学和行为到文化和经济。因此，我们需要谨慎地看待一个物理场所能够带来的改变。
- 健康的许多层面都有一定的普遍性，尤其是暴露在空气污染等环境中产生的生理反应。另一些则与个人的生活轨迹、行为、社交网络、教育、经济状况和文化紧密相连。
- 由于面临着如此严峻且史无前例的人口老龄化问题，因此关键要聚焦在促进长寿的健康设计上。

但是，这三部书并不一样。它们的不同之处在于，在多大程度上重视新颖性而非可靠性，重视专业知识而非参与程度，重视可量化的健康因素而非定性因素。它们对现状和理想环境，对建筑和城市尺度的关注点也有所不同。由此，这些书籍代表了涵盖建筑、风景园林设计、城市规划和城市设计等环境设计学科的一系列方法。

随着全球人口持续增长并在 21 世纪后期放缓，一些城市仍将增长，但另一些城市将收缩，随之人口将普遍老龄化。

本书探讨了如何创造更健康的城市社区和区域环境，并提出了一种新的思维方式，一个新的视角，促使思考健康场所的基本构成是什么，应该如何实现它。

为千变万化的世界而规划和设计——转换

在过去至少两个世纪里，大量的人口迁移到城镇和大都市，并在城市环境中获得工作、教育和文化的机会。越来越多的人只经历过城市的生活。在城市地区生活的人通常比农村地区的人更健康，但有时也患有更多疾病。然而，随着时间的推移，这种平衡已经向城市地区倾斜，城市居民寿命更长，受疾病的困扰更少。但也并非完全如此，疾病的概况也在发生变化，总体上已经从传染性疾病主导发展为以慢性病为主，同时也存在一些复杂的新威胁。

到 2050 年，城市也将不同于今天。城市将会有更多的人口，全球将近 66% 的人口将生活在各种规模的城市区域。[5] 当然，有些城市面积很小，只有几千人，目前世界上一半的城市人口数量在 50 万以下。[6] 这些小城市很重要。因为随着全球人口持续增长并在 21 世纪后期放缓，即使一些城市人口仍将增长，但其他城市将出现收缩，人口将普遍老龄化。1950 年，65 岁以上的人口占总人口的 5.2%；在 2000 年，这一比例跃升至 6.9%；预计到 2050 年和 2100 年，这一比例将分别升至 15.9% 和 24.4%。[7]

这一切只是开始。各种各样的环境变化将持续发生。对许多人来说，贫困将是一个长久的问题，而不平等的情况也将引发其他问题。新的城市技术将会出现，尤其是在通信和交通领域。有些人会从这些技术中受益，但不是所有人。[8] 简而言之，在未来的几十年里，城市将有更大的发展，这将为营造更健康的场所提供机会。然而，即使在几乎没有人口增长的地区，重建也会随着人口结构、收入、自然系统和技术的变化而发生。

因此，城市场所和健康的景观都处于过

渡阶段，这对公共卫生、健康和环境的相互作用产生了影响。现在正是探索这些相互作用的好时机。大约在十年左右的时间里，人们重新关注健康和环境之间的联系，并取得了大量进展：完成了研究、编写了报告、开发了工具、研究了案例并完成了评估。这项工作变得越来越国际化。

如何阅读本书

本书以健康、城市化、人口、环境挑战和变化为出发点，为组织各种工具、主题和建议提供了一个总体框架。它向规划者、政策制定者和民间领袖传达了如何从健康的角度帮助他们理解和改进环境、方案及具体项目。本书主要通过构建一系列具体的原则、建议和行动来实现这一点。它们既涉及营造一个更健康场所的过程，也包括营造过程中的实质内容。这些都是通过回顾和分析大量关于健康场所和健康规划的文献而制定的。主要原则包括如下八个方面（图 2）：

原则 1. 重要性：评估场地的健康状况。第一个原则是做好充分的调研工作，了解清楚一个社区或城区是否存在健康问题，确定出现了哪些健康问题，并考虑是否通过评估就可以完成这些工作。

原则 2. 权衡：通过权衡物理环境变化和其他干预措施来营造更健康的场所，从而吸引不同类型的人。这部分是关于理解改变如何发生，特别是需要同时实施许多策略的大改变，这需要明智的权衡，并能够了解环境到健康的作用途径与程度。

原则 3. 脆弱性：规划设计需要考虑那些健康保障最为薄弱、健康资源条件最差的人。其目的是帮助消除人们在寿命和健康程度上的差异，特别关注年轻人、老年人、残疾人和那些无社会归属感的人，如难民、被边缘化的少数民族和低收入人群。

原则 4. 布局：通过社区的整体布局，促进多维度的健康。这一部分主要关注社区或城区的活动区域位置、人员分布、街道和道路配置以及绿色空间分布等方面的重大变化。

原则 5. 可达性：提供多种出行方式的选择并加强可达性。满足整个社区或城区的移动性

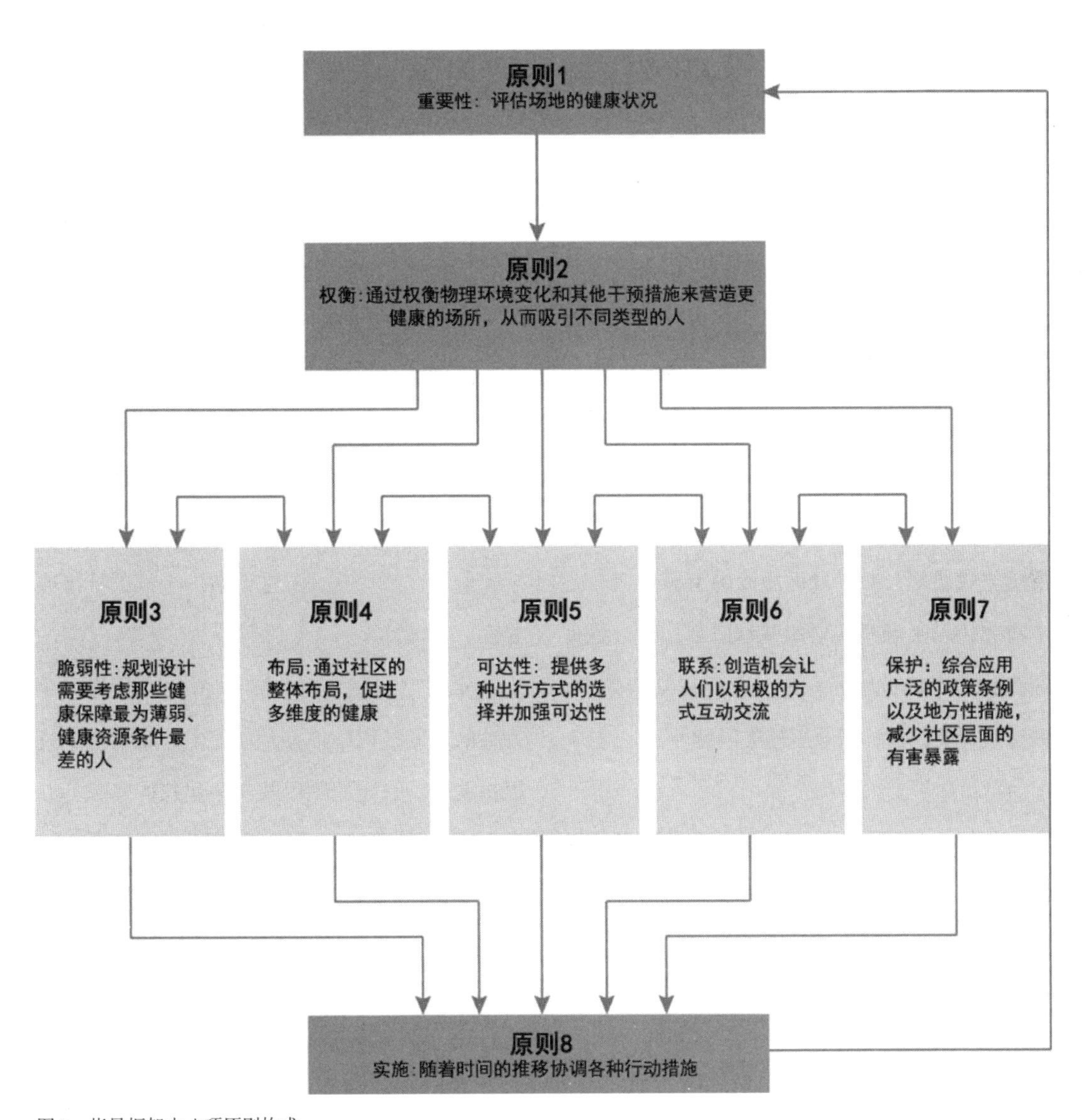

图 2　指导框架由八项原则构成

该框架包括营造健康场所的过程（深灰色）和这些场所的具体组成部分（浅灰色）。

资料来源：作者自绘

和地理可达性需求是一个挑战，所以关键是提供更多选择。

原则 6. 联系：创造机会让人们以积极的方式互动交流。社区规划设计可以带来共同利益，并加强居民和家庭的纽带，以及提供将人们聚集在一起的事件；增加人们对社区的归属感；加强对反社会活动的间接防控。

原则 7. 保护：综合应用广泛的政策条例以及地方性措施，减少社区层面的有害暴露。减少有害接触是健康规划的基本原则，要从源头减少污染物或危险品，避免人们在其中暴露，并通过巧妙的设计来缓解这类问题。

原则 8. 实施：随着时间的推移协调各种行动措施。实施是关键。为促进健康而进行的巨大环境改变，过程中需要多种策略。这不仅仅包括对物理场所作出改变，还要考虑人们如何使用这些场所。

原则 1、原则 2 和原则 8 解决的是任何规划和设计过程都需要面对的问题，但也根据健康的重要性进行了适当调整；原则 3 至原则 7 主要基于健康与场所之间联系的研究基础，包括城市形态、住房、交通、开放空间和基础设施等。

这些原则是通过 20 个更具体的建议和 83 个行动措施来操作的，这是我们对相关研究进行分析的重要成果。原则涉及内容广泛，为思考一个问题以及与其他想法和建议的联系提供了一个整体框架；建议明确了与上述原则相关的更具体的干预领域；行动措施则明确具体要做什么。它们可以用于两种情形，一是创建一个新的社区或城区，二是改造一个旧的社区或城区。

原则 1、原则 2 和原则 8 并没有提供一个完整的规划过程，但涉及如何使健康与整个过程相关联。这些原则以及相关建议的实施都参考了来自经验和学术研究的实证。

原则 3 到原则 6 是基于另一种关于健康和场所之间关系的研究实证。如前所述，永远不会有对场所及其居民所有可能因素的完整研究，也不会有对缺少研究的地方进行的完整研究。我们基于基础研究提供概念框架构建逻辑，以便提出更广泛的解决方案，当然两者是相互联系的。

书中建议分别采用两种标准形式中的一

种。原则 1、原则 2 和原则 8 提供的建议主要是一个清晰的陈述，关于这个概念如何运作的讨论、具体措施以及与其他建议和观点的联系。原则 3 到原则 7 中的建议包括来自健康和场所研究的实证，但也借鉴了关于规划和设计过程的研究。在每个建议和原则介绍的结尾给出相互关联的提示，帮助读者索引到本书的其他相关部分。每个部分列出了主题的相关背景，可以引导读者进一步阅读了解（图 3）。尽管并非所有内容都包含提示，但给出提示的部分可以为探索不同主题之间的联系提供了一个启示。

本书针对那些对特定社区和城区感兴趣的规划师、城市设计师、开发商、居民和城市领导者——他们都居住在其中，并从事与这些地方相关的规划和其他项目工作。他们会从特定的场所开始，思考健康可能有多重要。

公共健康从业者通常需要与特定人群打交道，例如儿童或哮喘患者。而场所是人们面临潜在的健康风险或健康效益的环境基础。因此，他们可能需要经过一个漫长的过程来决定哪些场所对他们的工作至关重要。他们要从健康问题开始，思考场所有多重要，哪些场所重要。

基于上述立脚点的差异，公共健康从业者可以利用本书来了解其他人员如何处理社区中的健康问题。他们也可以使用它来了解特定的场所，通过应用社区健康需求评估［参见“术语表”中的健康评估（Health assessment）］创建一个潜在的社区清单，然后关注可能需要作出改变的地方。

图 3　公共健康领域从业者如何使用本书

本书有助于基于实证视角探索研究领域，并提供一个将健康与场所联系起来的清晰框架。

措施的依据

在不同情况下，根据确定性程度对措施进行分类，具体如下：

◆ 措施建议直接来自研究证据。

❖ 措施建议受研究启发。

◇ 该措施是一种常见的好方法，通常被称为公共健康领域一种新兴的或有前景的做法。这些措施与主题相关，虽然不会造成伤害，但证据并没有其他类别那么多。

措施分类可以帮助有经验的规划师了解，与好的规划相比，哪些方法可能有强有力的证据保障。对于新规划师、非规划专业人员和社区成员，这些分类提供了一个便捷的健康规划和城市设计问题清单。

研究应用：基于循证实践营造健康社区

由于健康、状态良好或整体状况是如此个人化，因此直觉和经验是提供令人信服见解的重要基础，但它们也可能具有误导性。人们普遍认为吃当地的鱼是一件健康的事情，除非鱼来自被污染的水域。设计师应意识到空间的重要性，很明显，一个物理的公共空间是建立社会联系的必要基础——但有些人除外，他们将这种联系建立或维持在宗教社区内、大家庭成员的家中，又或是在网络上。

这就是以研究为依据的实践活动，循证实践的作用所在。它可以将常识融入背景，找出隐藏的原因，并谨慎使用简单的解决方案。当然，场所是极其复杂且多维的，而且不断演变中，尤其是在街区、城区、城镇和大都市尺度上。没有也永远不会有某种研究能够处理所有可能的情况。因此，为了打造促进健康的场所，规划师和设计师需要充分发挥想象力。

事实往往比表象复杂得多，即使在当地环境影响人类健康和福祉的地方，这种影响的确切特征也可能难以确定。这也是撰写本书的一个主要原因：探寻研究结果与实践之间的差距。而造成这种差距的原因有很多。

研究应用的困境

第一个问题是可获取研究的不均衡。正如前文所述，这是撰写本书的主要动力。但是，与研究可获取性相关的潜在问题多种多样：

- 有些领域有大量相关且现成的关于环境对健康的影响的研究，而另一些领域的研究却很少。这与资助模式、研究的难度以及学术领域的历史有关。例如，相比对无家可归问题的研究，对体育活动的研究更容易，因为后者有大量的研究经费支持，而前者却很少。
- 在有大量研究的领域，需要付出许多努力来理解研究结果的总体概况。仔细比较研究结果的系统性综述是了解概览的一个途径，但并非适用于所有领域。这种综述也可能狭隘地专注于特定类型的研究，比如随机对照试验，而在城市和社区对健康影响相关的领域通常很少见。其他类型的回顾和个人研究虽然填补了部分空白，但也需要仔细评估。
- 如果一个领域没有太多研究，就很难找到相关成果。在这种情况下，人们只能根据已知的情况进行推断。
- 所有这一切问题都是由“发表偏见”造成的，那些发现健康和场所之间存在关联的研究，比那些不存在关联的研究更有可能被发表。这是因为有联系的成果会让人更愿意去写，期刊的编辑和审稿人也会更有兴趣审阅。[9]
- 最后，即使有一定的研究成果资源，由于需要昂贵的订阅费用，大型机构之外的人往往无法获得。因此，从业人员可获得的研究可能只是很少的一部分。

而这类书有助于基于实证视角探索相应的研究领域，并提供一个将健康与场所联系起来的清晰框架。

健康和场所之间的复杂关系

第二个问题是从环境特征到健康成效的作用途径差异巨大，这在本书的各种建议中是显而易见的。

意识：一些健康成效很大程度上取决于非自愿性质的作用，如有毒暴露对健康和福祉的影响是较直接的。然而，另一些人则深受认知、信仰和自愿行为的影响。例如，生活在同一环境中的两个人可能会进行不同程度的户外散步或其他活动，这与他们对该地区犯罪活动的看法，以及什么天气适合户外活动有关。

特殊性：一些健康成效更具普遍性，如对化学物质的反应，但另一些更受文化或年龄差异的影响。即便是接触有毒物质，也会因年龄、已有疾病和个人体质等条件产生不同的影响。

显著性和程度：研究发现，一些场所对健康的影响在统计上是显著的，但程度较小。这可能出现在较大规模的研究中，大的样本量意味着可以检测到细微的影响作用。考虑所有影响健康的因素，那么具体原因的重要性可能是极其有限的，也就是说，比起许多人都受到影响，对整个人群的影响可能显得更重要。

可能性：场所的某些方面可能对健康有很大的影响，但这种影响可能不太确定，或者只适用于特定的情况，例如洪水或地震。而另一些方面可能对许多人有较小的影响，且更明确，例如，社区噪声导致工作受到干扰。这两者都需要考虑，但要区别对待。

时间：有些暴露接触和灾害事件会很快且很明显地影响人们的健康，而有些可能需要很长时间才能显现出它的影响。几十年后才出现的问题，其原因很难找出，而环境和健康的许多影响在儿童时期最为重要。艾伦（Ellen）等人谈到了“风化”（weathering）的过程，由于多年来贫困社区积累的压力、较低的环境质量和有限的资源慢慢威胁当地居民的健康，使他们更容易因特定疾病而死亡。[10] 这使得在任何框架中都必须考虑时间维度。

空间：最后，在当代社会中，人们在一天、一周、一年或一生中停留或居住的地方通常不止一个（图 4）。这也使得研究人员很难计算出任何一个具体空间对健康的影响，尤其是那些随着时间推移才出现影响的情况。

研究性、专业性和地方性知识之间的相互作用

最后一个问题，是在营造当地环境时，研究性知识和其他形式的知识之间的相互作用。

地方性知识，如居民的智慧，至关重要。

它可以挖掘关于健康和福祉的关键价值，指出使用场所的重要方式，并为通过相关方式改进场所提供思路。但它也可能是错误的，例如低估河流中的污染物的影响或高估新业务带来的问题。对当地人来说，如果他们从事的是非健康的活动，这种知识可能是个问题。

反过来，专业判断依赖于之前受到的训练、类似项目的经验和其他地方性的知识。健康研究很少涉及过程、规划和设计思想的产生或实施，而这类专业知识是填补这一空白的关键。然而，这些知识并不总是来自对健康的深度认识，更不用说最新的研究了。虽然我们可以很容易进行一些研究来证实一个人的直觉，但这可能无法作为最佳的证据。[11] 最佳的方式是仔细综合考虑分别来自当地的、专业的和研究性的三种知识类型。

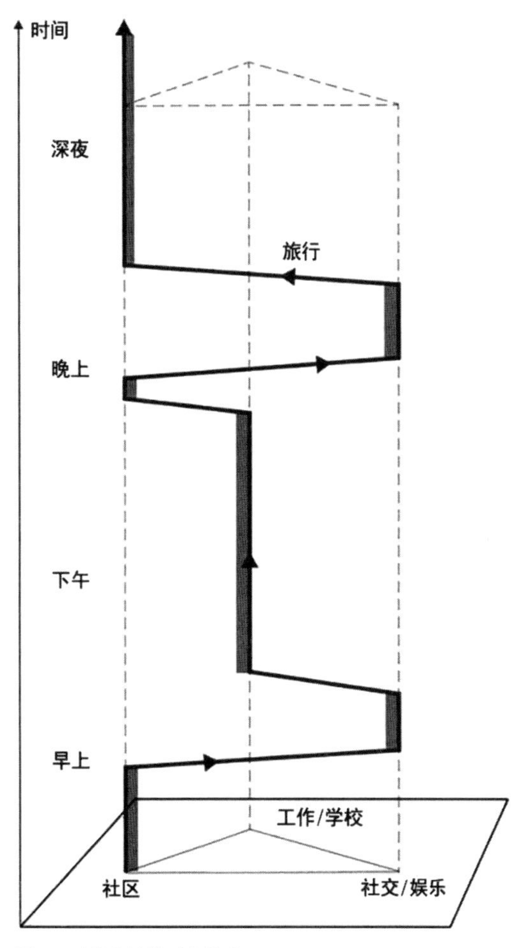

图 4　日常生活的时空关系

一天中，人们可能会前往许多地方，参加各种活动，使场所如何影响健康变得更加错综复杂。

资料来源：作者自绘

很显然，进行循证的社区规划和设计并不简单，但并非不可能。利用研究和逻辑严谨的框架，可以弥补很多不足，通过许多工作让场所更健康：

- 第一套策略是考虑如何最大限度地减少与水传播疾病、污染的空气或过度噪声等危害的接触。

仔细考虑三种类型的知识——地方性的、专业性的和研究性的。

- 根据健康和场所之间关联的证据，场所可以通过合理的规划来支持健康的行为，并将人与健康资源联系起来。
- 最后，这些场所的规划是在考虑了更广泛的地理环境和长期的背景下进行的，而不仅是当下的社区和区域生活。

健康场所的例子

如何将健康目标融入特定的场所？这涉及一个场所当前且未来持续表现良好的问题，包括与健康相关，以及更广泛的生活质量的概念。

比如一个地方在建造时只有一个目标，但随着时间的推移这个地方可能超过最初设计的预期。一个典型的例子是经典的游乐公园，一个有大片草坪、树林、蜿蜒小径的大型绿地空间（图 5）。[12] 在 19 世纪至 20 世纪早期设计的一些项目，最初的目标是要为工人中的众多中产阶级提供更多的活动内容。[13] 然而，在经历一个多世纪甚至更长的时间后，这种类型的公园已经演变成服务于不同活动类型的空间，其结果超出了最初设计的预期活动类型，其中许多活动对促进健康有益，包括提供户外运动、社交聚会和进行自然疗愈的空间。虽然在一些视线隐蔽的区域容易发生暴力犯罪事件等问题，但是一个更好的场所可以激发社区网络去解决公园内部与外部的问题。团队组织、活动项目、政策条例这些非物质的组成元素，都是促成一个成功场所的关键。[14]

营造一些场所鼓励人们通过各种各样的途径去推行健康的生活方式，或者为人们提供进行健康活动的机会，是与此相关的一种策略。许多大学校园都有专用的自行车道和人行道，因此在学校中使用自行车或是采取步行的方式都很方便。同时，结合停车场收费和物理环境设计，使得人们在选择驾驶私家车和寻找停车位时需要花费更多的时间和金钱。

但是有些地方只能在特定的区域和时期为特定群体提供进行健康活动的机会。规划和设计都有相似的历史，即在一个环境中创造了宜

池塘和茂密的植被为人们提供了一个具有复愈性的环境，即使是在一个高密度的城市里，人们也能体验大自然

可行走的小路能够提供空间给朋友之间进行社交和参与健身活动

青年运动队利用附近公园的场地进行训练活动

图5　以草坪和树林为特色的公园
虽然这样的公园最初是为一系列特定目标而设计建造，但随着时间的推移，它们往往用于进行不同的活动。

居的场所，却同时给其他地方造成不利影响。如果是位置良好、单元空间大小适宜，且有足够的外部资源可供居民活动的高层居住区，将会是一个良好的居住环境。但是对于那些居住在缺乏维护的狭窄房屋中的大家庭来说，高层建筑可能不是好的选择。一个“爬楼梯”的活动可以促使人们将楼梯间作为社交和健身的重要场所，但这样却可能会导致那些坐轮椅的人感觉自己像是二等公民。

设计将车辆与行人分开，并沿着绿化道路连接目的地[例如拉德本式超级街区（Radburn-style superblocks），图6]，可以在自然环境中促进交通安全和社区凝聚力。然而，维护不当的空间可能会引发恐惧的情绪。[15]

苏格兰的坎伯诺尔德（Cumbernauld）提供了一个拉德本式规划（图7）的具体例子，它可追溯到20世纪五六十年代。其密度极高、屡获殊荣的布局，几乎将人与车完全分离，这也使得其早期事故率大幅下降至英国平均水平的四分之一以下。在核心区，步行道则与高品质的景观和现代建筑完全相连。

然而，随着时间的推移，一些行人通道面临安全问题（与犯罪有关），抵消了解决通行（涉及交通）问题带来的益处。虽然20世纪90年代的调查发现，大多数人对新城镇的生活相当满意，但破坏公物和犯罪行为的问题却令人担忧。[16] 尽管这个案例情况很复杂，包括在大量公共住房私有化方面的一些问题，但它确实证明了善意的创新并非都有效果。

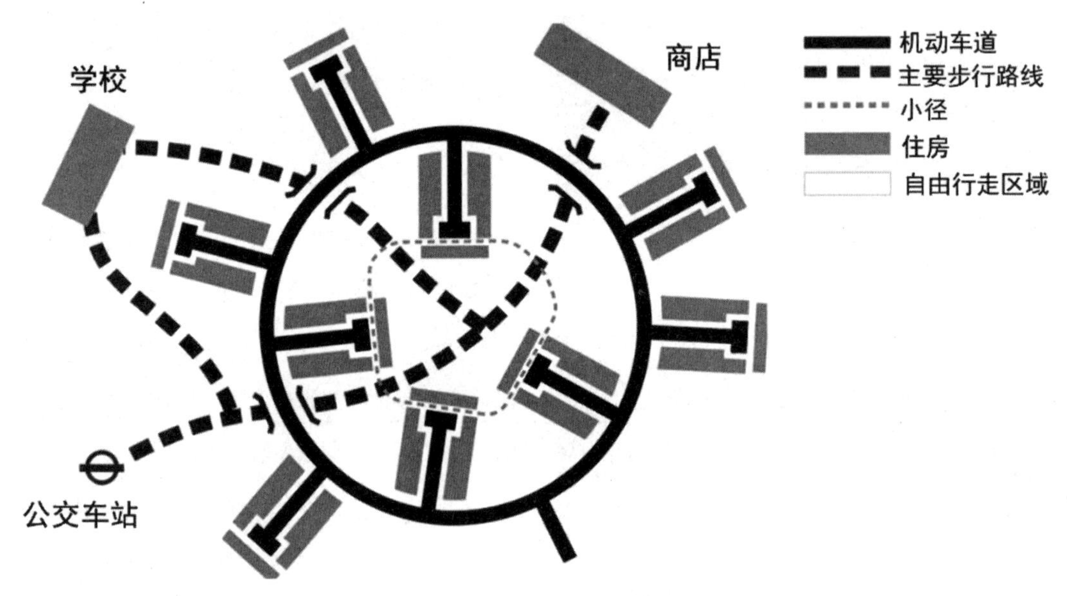

图 6 拉德本式超级街区

这个经典的拉德本式街区强调行人和机动车之间的分离。房屋面对一个连续的绿色空间，这样人们不必穿过马路就可以走到主要目的地。这样的设计在一些地方取得了成功，但在其他地方却并不尽人意。

资料来源：改编自英国交通部（1963 年）

场所之外的干预——多措并举

只改变建成环境不是解决健康问题的唯一办法。方法应综合考虑社会和物质两方面的敏感性，这就意味着不仅涉及改变场所物理条件本身，还要去改变相关的政策、项目内容和组织结构（表 1）。

本书讨论的关键，是当要作出重大改变或阻止大趋势时，人们首先需要使用策略来改变场所的物理环境，实施一些影响它们如何使用的政策，开发新项目，或调整价格以便创造一个支持积极行为的环境，将有害的影响降到最低，增强健康的人际关系。

以下术语表中描述的“将健康融入所有政策”（Health in All Policies，HiAP）方法，利

图 7　苏格兰坎伯诺尔德的拉德本式规划
在坎伯诺尔德，摩托车和汽车在不同的路线上行驶。在发展初期，这种布局在行人安全方面取得了实质性的成果。但在 20 世纪 90 年代，破坏公物和犯罪问题成为人们关注的重点，尤其是在人行道方面。新泽西州拉德本市建于 1929 年，遵循英国花园城市运动的原则，步行道几乎与行车道路完全分开。

新泽西州拉德本市建于 1929 年，遵循英国花园城市运动的原则，几乎完全实行人车分流

用各机构、社区团体、企业和非政府组织之间的合作，将健康相关的目标和行动纳入从交通运输到移民政策等各个领域之中。这里有几种不同的方法可以让环境变得更健康，如表 1 所示。

总体而言，本书的目的是在以下几个方面提供权衡：为什么营造健康场所很重要？如何基于实证建议在社区或城区范围内营造健康场所？以及提供一个关于改变社区环境的进程指导。

使用多种策略以便营造健康的环境。

表 1　场所干预的方法

方法	例子
协调、教育和提高认识	• 世界卫生组织健康城市和老年友好社区； • 将健康融入所有政策（HiAP）； • 实体老年服务合作社
健康影响评估	• 综合方法（健康影响评估）； • 一次一个维度（例如，食品评估）
制定规章制度和政策	• 完整的街道条例； • 步行区域覆盖； • 水体保护法规
规划场所	• 健康的社区计划； • 健康的交通计划
建设实体场所	• 单一问题，如自行车道建设； • 综合性问题，如新社区或城镇建设
……	• 临时使用（例如 cyclovia 自行车活动）； • 改变使用功能（将糖果店改成自行车修理店）

资料来源：作者自绘

术语表

许多词汇在健康、规划或设计中有特定的含义，但在日常用语或其他职业中使用则比较随意。我们会解释如何在本书中使用这些词汇，以及如何从上下文中理解具体的含义。在词汇表中当词语指代另一词的含义时，我们用＊标记它。

Accessibility 可达性：“简而言之，就是人们可以很容易到达一个地方。”[17] 这与距离、时间、成本和社会障碍有关，可以衡量到一个特定的场所或多个更普遍的目的地（如访问医疗设施区域）。随着新型通信形式的兴起，可达性概念越来越与（地理上的）流动性＊或移动的便利性形成差异。例如，一个人可以在没有任何物理移动的情况下访问重要的资源。

Active travel or transportation 积极出行或交通：需要进行体力活动的交通形式，最常见的是步行和骑自行车。[18]“积极出行”一词最常用于指所有形式（步行、骑自行车、滑雪等），也可称为具有交通目的的体力活动。更具体的积极出行形式可以称为步行交通、自行车交通等。积极出行是一种非机动交通方式，但这是一个更大的类别，包括不积极的形式，例如乘坐马车。

Activity 活动：它有多种用途，包括体育活动和社交活动。平常工作中我们会混合使用“活动”这个词，但这里我们用它描述发生在旅行目的地的活动。它与基于积极交通模式的活动有关，该模式“假定出行的交通需求取决于人们所打算进行的活动”。[19]

Affordable housing 经济适用房：虽然不同的城市和国家对经济适用房都有具体的定义，通俗来讲是收入较低的人，将收入中可控制的一部分用于住房（租金、抵押贷款、维修和水电费）。这通常需要政府举措，例如直接提供住房，帮助支持非政府开发商，提供租金补贴，帮助低收入家庭优先购买住房，鼓励私营开发商为低收入群体建房，或制定法规支持创新。

Cause 原因：“一个事件，即一个变量的变化，产生另一个事件，即另一个变量的变化。”[20] 虽然这听起来很简单，但在研究健康和场所之间的关系时，很难精确地找出原因，因为健康相关的结果可能有很多看似合理的原因，但其中只有一些可以在特定的时间才能明确。此外，许多影响有多种原因。这方面的研究只能找到可能是原因的关联，但也可能不是。

Density 密度：是一个范围内某一物体的数量（人、房屋、树木等）。密度可以在不同的尺度范围进行测度，从场地到区域；总密度在计算中包括整个土地面积，净密度不包括某些部分（例如公园或工业区）。这使得密度数据难以进行比较。“密度”常常与“拥挤”这样的相关术语混淆，有时“拥挤”又被称为“内部密度”，这是一种空间中人太多的感觉；建筑容积率和建筑密度与场地上建筑物规模有关。[21]

Destination 目的地：打算要去的地方。在混合用途开发的背景下，通常是一个活动发生地，如购物区、工作场所或主要娱乐场所。

District 区域：类似于社区的地区，但不一定具有居住性质，就好像工业或商业区那样。虽然本书主要关注住宅区和多用途社区，但其中的大部分指导方针都适用于这样的地区。

Environment 环境：当人们说环境会严重影响健康时，不一定是指社区、公园、街区和街道的环境，但规划师和设计师可能会错误地理解人们的想法。环境就其本身而言具有广泛的外延——它可以从我们周边的物理空间到不那么有形的环境，如媒介、文化或家庭。规划和设计通常将建成环境（人造的，包括由人改造的景观）和自然*环境（植被和野生环境，也可能包括人为环境）区分开。为了避免混淆，我们只说成环境（包括景观）和野生自然。在环境健康方面，环境的概念比规划和设计涉及的内容更为广泛，可能包括同行业环境、家庭环境、媒体环境、政策和项目环境、经济环境等。例如，食品环境就包括从家庭聚餐到快餐广告和国际食品系统，而实际的建成环境只是其中很小的一部分。

Exposure 暴露：健康暴露是指“器官与化学或物理致病因子之间的接触，例如通过吞咽、呼吸或直接接触（如通过皮肤或眼睛）”。[22] 被动接触，例如在室内暴露于烟草烟雾中，仍然涉及直接接触。在灾害相关工作中，它与“处于风险元素的总价值，即表示的是可能受到灾害影响的生命数量和财产价值有不同的含义”。[23]

Goals and objectives 目标和目的：目标通常难以衡量，而且宽泛，例如“改善健康”。目的则是更具体且可衡量的，如增加步行或骑自行车上班的人数。措施和策略是用来实现目标和目的的具体方法。

Hazard 危害：潜在伤害的来源。确切地说在天气方面它是一种“可能造成生命或财产损失、社会和经济破坏或环境退化的具有潜在破坏性的物理事件”。[24]

Health 健康：健康有许多标准定义，从没有疾病到世界卫生组织的定义——“一种身体、精神和社会全面健康的状态，而不仅仅是没有疾病或虚弱。”[25] 本书就采用了这种更广义的健康含义。

Health assessment 健康评估：社区健康评估或评判可以采取多种形式。在本书中，它包括健康影响评估（评估政策、计划、项目和建议的影响）和健康社区评估（通过协作方法了解一个地方的健康，同时需要考虑到历史和人口情况）。[26] 两者都可以集中在社区或城区尺度。社区健康评估不同于典型的社区健康需求评估或社区健康评估，在公共健康领域这些通常侧重于更广泛的社区中人们的健康状况、风险因素和预防措施。[27]

Healthy housing 健康住房：通过改善住房可以改善健康，这是一个国际普遍关注的问题。由国家健康住房中心和美国公共健康协会制定的美国健康住房国家标准（U.S. National Standard for Healthy Housing）是一个典型例子。[28] 它涉及的内容包括空间、管道、照明、热舒适、湿度、废物、化学制品和个人安全保障。

Health in All Policies，HiAP 将健康融入所有政策：这是一种将健康纳入包括住房、交通、环境和多元文化事务局等一系列部门的政策和规划中的协作方法。[29]

Healthy neighborhood 健康社区：在本书中，它指的是在一个社区中，健康是规划过程的一部分，也是一个关键的结果。它与完整社区的概念有关，根据俄勒冈州波特兰市的说法，"它是指让人在日常生活中可以安全、便捷地获得所需商品和服务的社区。这包括一系列的住房选择，杂货店和其他社区商业服务，高质量的公立学校，开放的公共休憩用地及康乐设施，以及频繁的交通。在一个完整的社区中，街道和人行的网络是相互连接的，这使得步行和骑行到这些地方对所有年龄和能力的人来说都是安全和便捷的。"[30] 这是众多的社区*和城区*之一。

Irritant 刺激物："当接触皮肤、眼睛、鼻子或呼吸系统时会产生刺激作用的物质。"[31]

Knowledge 知识：知识通常是关于理解的。对于本书来说知识有许多来源，包括科学信息、个人经验或实践活动，这些知识类型有不同的优势。

Life course 生命历程："象征人一生的历程，可以理解为一系列重要的人生事件，包括出生、结婚、为人父母、离婚和退休。"[32] 这是一种更当代意义的生命历程，但并不意味着最终会回到童年，而是适应各种不同的家庭类型。

Mobility 移动性：在交通运输中，它指的是移动，包括流通（短期的外出活动、日常出行、旅行等）、迁移（永久迁移）和社会移动性。[33] 我们通常用它来表示发行量，并将其与可访问性进行比较。在通用设计的背景下，它也可以更宽泛地用来表示在家里走动。

Modifiable，causes of health 可改变的（健康影响因素）：一个人的健康在很大程度上是由我们的遗传基因、年龄和性别决定的，而可改变的健康影响因素是饮食和体育活动等。

Nature 自然：对于这个词的理解，关键是在文献中人们通常会混淆未被开发的荒野的自然和可能被人类已经改变的植被和动物的自然。生态学家通常指的是前者；环境心理学家则一般指的是后者。我们通常不使用“自然”这个术语，而是更明确地指定环境的类型。

Neighborhood 社区：这是一个有争议的术语，有许多不同的定义，尽管它通常包括居住活动。关于邻里感知的研究发现，它们在规模大小和重要组成部分方面存在很大的差异。[34] 一个功能完善的社区与一个健康的社区*是相关的，因为它们合理协调了各种资源条件。在本书中，我们看到的社区基本是一个小区域，从几个街区（面积 4—5hm^2）到一个几百公顷的区域。以每小时 6km 的速度，人们可以在 10min 内从中心走到占地 314hm^2 区域的边缘，这个跨度足够大。

Neighborhood Health Assessment or Audit 邻里健康评估或调查：见健康评估（Health assessment）。

Place 场所：这里通常指的是人们居住并作为社会交往的空间*，或者是人们感知的场所。[35] 在本书中，我们灵活应用，与建成环境交互使用*。

Plan 计划／平面图：一般来说，人们可以在既定时间范围内，通过具体的行动来计划未来。在本书中，我们使用它通常是指在一个地方对其提出相应空间计划与未来的具体行动。这可能是一项公共或私人活动，但随着计划的规模越来越大，超出一个小地块或是一个街区，公共部门就很有可能参与其中。该词的第二个含义是平面图，或者直接从上往下看的视图。

Policy 政策：关于如何行动的一般原则。它可能与特定的地方无关，而是提供了更广泛的框架。正如联合国粮食及农业组织（United Nations Food and Agriculture Organization，FAO）所说：“一项政策是一系列具有共同长期目标的一致决定……”，“政策”“计划”“方案”和“项目”等术语在时间和地点上逐渐变得更加具体。政策通常是国家政策（不是地区或省级），通常不受时间限制：人们通常不会像谈论“两年方案”或“五年计划”那样使用“两年政策”的说法。[36]

Pollutant 污染物：被“有害或有毒物质”污染或能够造成污染的物质。[37]

Program 程序／策划：程序／策划通常是一组正在进行的事件。与本书相关的例子包括预防犯罪或促进锻炼的程序／策划。

Project 项目：为实现目标的特定协作工作。[38] 更具体地说，它可能是一个开发项目，如再开发项目或社区改造项目。

Reliable 可靠的：在健康语境下，这意味着一个结果可以被复制（这种复制有多种形式）。对于由专家评估完成的结果，可靠性是用来观察两个不同的人是否可以得到相同的结果。对于被研究个体所完成的结果，其主要是要重复测试结果的可靠性，在一段时间内是否保持稳定现象或相同的结果。虽然还有其他含义，但都离不开这个核心问题，它与有效性*或真实性相关。[39]

Resilience 韧性：“一个系统在受到压力或扰动后恢复结构和功能的速率。”[40] 这与脆弱性概念有关*。

Resources 资源：指“人类满足感、财富或力量的源泉”。[41] 本书中，它们通常指的是能够提供健康生活的资源。

Risk 风险：在灾害领域中，“可能的影响，用以表达潜在的生命损失、人员受伤、财产损失、生计、经济活动中断或环境破坏。”[42]

Significance 意义：广义上讲，这是关于结果的意义或重要性。它也可以狭义地用来指统计学上的意义，当某物“大于或小于预期的偶然性”时[43]，这里的关键问题是某物可能具有统计学意义（即在某个置信区间内关系可能是真的，例如，置信区间为95%），但它可能是极小的值或量值，以至于相对不重要。它也可能是一个不重要或不明显的联系，这样的结果有很多。

Social capital/social connections 社会资本 / 社会关系：总体来看，这是促进集体性行动的个人或群体之间的关系。可以看出，它有许多组成部分：包括群体和社交网络的成员、人际信任和团结、集体性行动和合作、社会凝聚力和包容性，以及改进的信息和交流。[44] 正如我们稍后所描述的，这一方面与互惠和信任（认知社会资本）有关，另一方面与人际网络和参与（结构社会资本）有关。它们可能是紧密联系的社区和家庭的牢固纽带，也可能是联系那些共同点不多的人群之间的桥梁。[45]

Social Determinants of Health 健康的社会决定因素：正如世界卫生组织所概述的，“健康的社会决定因素（SDH）是指人们出生、成长、工作、生活和年龄的条件，以及影响日常生活条件的更广泛的力量和系统。这些力量和系统包括经济政策和制度、发展纲要、社会规范、社会政策和政治制度。”[46] 社区涉及其中一些内容。

Space 空间：这是一个典型的物理空间概念，与具有社会和感知维度的场所*形成对比。

Systematic reviews 系统回顾：这些是文献综述的形式，有非常明确的标准，包括综述和分析研究结果的系统方法。它们经常与叙述性评论形成对比[47]，在健康领域很常见，而在规划和设计方面不多见。

Toxic and toxin 有毒的和毒素：有毒的东西是有害的，有害的物质具有毒性。严格地说，“毒素”一词是指“一种有毒物质，是生物体代谢活动的特定产物”，但它通常与有毒物质互换使用。[48]

Transit，public transportation，collective transportation，and shared transportation 交通运输、公共交通、集体交通和共享交通：交通运输或公共交通包括沿预定路线乘坐可供公众使用的车辆。常见的交通方式有火车、电车和公共汽车。对于为个人提供点对点服务、更私人形式的公共交通，包括传统的辅助运输（残疾人货车）、共享汽车和货车、基于工作的共享货车、自行车共享系统和出租车的需求响应系统，很难有一个好的词来形容。我们大致将其分为公共交通（如共享货车、辅助运输车和工作班车）和共享车辆，其中乘客通常是个人（如自行车或汽车共享系统）。这些难免会有很多重叠，在此只是为了表明这样的系统范围很广。

Validity 有效性：这是指一种研究方法，确保被测度的事物是真正被测度的。换言之，量度的真实性。当不直接测量变量时，这一点尤其重要，例如使用公园面积来测量公园的可达性。有效性有几种形式，包括表面有效性（它看起来有效吗），内容有效性（它是否包含这种现象的广泛性）和标准有效性（它是否符合外部的黄金标准）。[49]

Vulnerability 脆弱性：根据上下文的不同，有不同的含义。在社会学视角，它可以指低社会地位人群或弱势群体受到影响的可能性。这些群体通常包括年轻人、老年人、残障人士、低收入者以及因可能影响健康而被边缘化的人。在环境学视角，它也被称为易损性（fragility），与“敏感性、弹性*和一个系统适应压力或干扰的能力有关”。[50]

Well-being，wellness 福祉，健康：人们“感觉到他们的生活过得很好”。[51] 它包括身体、经济、社会、情感和心理幸福和满足等许多方面。[52]

Urban heat island 城市热岛：位于城市地区上空，由建筑物和构筑物吸收的热量引起气温升高而呈现出的穹顶式热量分布。[53]

原则 1. 重要性:

评估场地的健康状况

收集信息是项目调研的第一步，以便研究者判断从健康视角是否有助于理解和优化该项目。对于一个已经建成的场地而言，如何去优化它？对于提出或审阅一项提案，如何判断它是否有益于健康？

运作机制

规划伊始，社区组织希望进行社区更新，政府计划重新开发一个混合功能区。规划者、决策者、社会活动人士、商人和居民可能都有兴趣将健康问题纳入他们的考虑之中。这就产生了一个问题，有哪些与健康相关的具体问题？哪些人可能会受到影响？如果确定积极健康效应和消极健康效应因子，可以做出怎样的改变？除此之外，调查健康问题需要资源，是否有利益相关者和资金支持？

为了回答上述问题并给出解决措施，我们需要收集场地或项目的信息，涉及的健康问题是什么？环境对这些健康问题的影响是什么？有场地建设决定权的个人或组织是谁？我们将收集上述信息以及审查项目、规划和建议的过程称为社区健康评估。在规划和公共健康学科中，健康评估可以采取多种形式，并根据社区的需要进行调整。

最常用的健康评估方法包括健康影响评估和健康社区评估。在正式的健康影响评估中，回答上述问题的过程称为筛选（决定是否值得进行评估）和界定（确定评估的范围和内容）。[1] 这一过程通常是前瞻性的，通过审查项目草案、政策或规划，使项目可以更好地实施。本书可以在预先审查过程中使用，也可以对现有场地、规划、项目和政策进行评估，为其后续的改善制定目标。健康影响评估可以通过多种方式进行，从高度参与性评估到更具技术性和量化的评估，再到使用多种方法的综合性评估，都可以应用于健康评估之中。因此健康评估既可能是短时间的桌面推敲，也可能是长达数月的过程。

“健康社区评估”这一术语，用于描述基于社区现状做出的评估，帮助居民优先考虑健康和福祉问题，发挥组织技能，增进对健康问题的理解，并采取集体行动。[2] 虽然许多社区的规模比传统意义上的社区大，或者根本没有空间上的界定，但社区健康评估可以在这些尺度中运用，并囊括各种利益相关者。

这些评估与传统的社区健康需求评估不同，后者是评估人群的健康水平，确定风险因素，并提供概要性的预防措施。[3] 这些非常有用的背景研究通常属于公共健康的调查范围，关注比社区更大的地理区域，通过疫苗接种或教育活动等公共健康干预方式。图 8 是社区健康评估的技术路线。

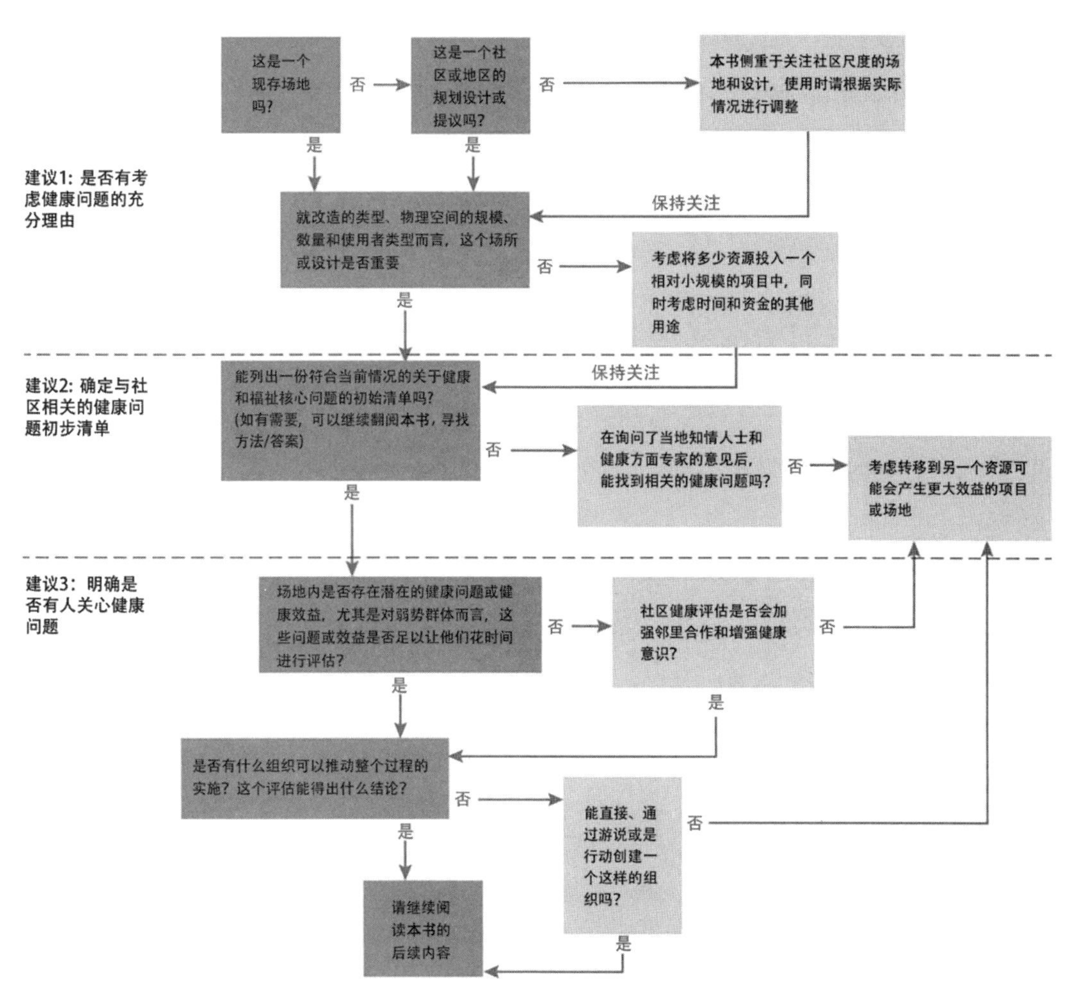

图 8　项目、场地与健康之间的问题

灰色方框中的问题已按照相关建议进行分组，可以帮助使用者判断是否以及如何将健康问题纳入规划考量中。这些问题与规划师、政策制定者、社会活动人士和积极人士都有关系，有助于他们思考如何利用潜在的可用资源，使其发挥最大作用。

资料来源：作者提供

上述内容是规划、设计或再开发过程的部分内容。下文将展开具体说明。[4]

技术路线不一定需要严格遵循，但它给出了广泛的参考，同时界定了本书的适用范围，聚焦于社区和区域层级的项目、规划和场地。

在社区健康评估过程中，首先要找出与场地或项目相关的问题，之后再筛选出潜在的与健康相关的问题，接着重点评估其对场地或项目产生影响。如果它不会产生任何影响，就不值得去做，除非只是想把它作为一种经验来学习。尽管健康看似很重要，但在能够有所作为的地方付出努力才是有意义的。因此，技术路线在某些节点上建议评估者转向另一个项目、规划或场地。

相应地，这就产生了一些术语问题。本书的主要特色在于评估具体场所（物理性的地点）和场所未来的具体空间规划，侧重于具体的结果、行动策略或更具普适性的原则，以及正在进行的策划，更多细节请参见“术语表”。当这些文字性内容被用于非物理性场所的其他事物时，经常会交替使用“plan”（方案）、“projects”（项目）、“policy”（策略）和“programs”（策划）等术语，但通常它们不会同时被使用。事实上，这些内容往往是重叠的，因此社区规划的一个部分可能是一个经济适用房项目。社区公园项目或策划也需要包含更广泛的文化包容政策，但有时我们也需要更具体地使用这些术语。

最后要探讨的是关于健康和场地信息来源的问题。本书包含了各种形式的信息，最重要的是通过研究所获得的健康与场地关系的知识。但是专业人士、居民和当地其他人（如在当地工作的人）的意见也很重要。一部分健康问题或许显而易见，但也有另一部分难于发现，或者可能随着时间和空间的变化而发生变化。

关联

正如前面提到的，在每一项原则和建议的最后部分，我们列出了与本书其他部分的关联。原则 1 与如下部分相关联：

- **建议 1**：是否有考虑健康问题的充分理由。
- **建议 2**：确定与社区相关的健康问题初步清单。
- **原则 2. 权衡**：通过权衡物理环境变化和其他干预措施来营造更健康的场所，从而吸引不同类型的人。
- **原则 3. 脆弱性**：规划设计需要考虑那些健康保障最为薄弱、健康资源条件最差的人。

想营造一个更加健康的场所，就需要获得关于场地现状、现存健康问题、环境影响，以及场地决策者的信息，这些可以通过健康评估来完成

建议 1：是否有考虑健康问题的充分理由

由于改善社区健康状况需要多方投入，因此了解相关健康问题的严重程度，以及是否具有较大的改善可能性，才能确保项目顺利开展。

运作机制

健康的重要性不言而喻。然而，某些建议可能影响的范围很小，或者应用在其他的场地更为适合。因此在资源有限的情况下，最好把关注点集中在能够产生更大效益的建议和更适合的场地上。为了筛选出这样的建议和场地，可以通过以下两个基本步骤进行健康评估：

- 了解这个场地或建议是否值得去做。
- 考虑是否有足够的理由关注健康问题。这取决于场地现状，也取决于改善场地的能力。

无论初步审查采用何种形式，信息都是至关重要的。然而，信息搜集是一个迭代的过程。例如，在完成某些后续工作之前是不知道早期需要搜集什么信息的，所以需要先搜集一些信息并加以评估，如果需要的话再搜集更多。

表 2 中展示了初始阶段需要收集的关键问题，主要集中在以下三个方面：

- 过滤性问题的目的是发掘问题、判断是否可以通过设计带来实质性的变化、是否有足够大的空间可以使规划和设计影响到大多数人。这些问题都与项目或场地的类型和规模有关。有些问题是概括性的，如改造计划的类型，有些则更加具体，如对于健康的忧虑。
- 其他过滤性问题用以确定现在或将来受影响的人群。某些人群更容易受到健康问题的影响，包括老年人、年轻人、低收入无法进行健康选择的人、已有健康问题的人以及那些可能被社会边缘化的人。[5]
- 这些问题同样关注实施和改变的可能性，以及寻找盟友的可能性。有精力和热情打造健康场所的特定人群之间可以建立联系，提高健康意识。建立组织则更适合跟进一个长期项目。这两者对于设计的实现都很重要。

表 2　对提议、规划、项目或场地进行审核的初步问题

所需资料类别	状况或改造的类型	是	否	可能 / 不知道
潜在健康影响的范围				
已经存在的健康问题	• **累积效应**：这个地方是否存在特定的健康问题（如交通安全、空气质量、缺乏健康食品、污染的棕地）？	□	□	□
是否有改造计划？（如果是建成场地调查，请跳过）	• **类型**：新建、改造或再开发社区，或是别的什么类型？	□	□	□
	• **可逆性**：任何改造内容实施后，是否很难或需要付出高昂的成本去进行逆转？这种情况很可能出现在规划和城市设计项目中，比如房屋建造计划或街道布局是否可以改变？	□	□	□
	• **土地利用**：该规划或建议是否大幅改变了主要的用地类型（例如，从住宅用地转为商业用地）？	□	□	□
	• **自然环境**：即使不改变土地用地类型，是否会显著改变自然环境（例如，增加或减少水流、空气质量或噪声）？	□	□	□
场地的物理空间区域	• **地理范围**：是否适用于邻里（社区）规模的地理区域（几公顷到几百公顷或英亩）？	□	□	□
人群与不同类型的健康影响				
直接受影响的人数	• **人口规模**：它是否影响了大量人口（例如居民或在当地工作的人）？是否有任何建议涉及大幅增加或转移人口？	□	□	□
人口统计	• **人口分布**：是否涉及弱势群体，如儿童、老年人、低收入人群或残疾人？对特定人群的健康影响是否更严重？	□	□	□
实施				
盟友和支持者	• **支持者**：在社区健康评估或场地改造方面，是否有明确的支持者？	□	□	□
	• **盟友**：是否有能够持续关注健康问题的组织，如政府、非营利组织或商业组织？	□	□	□
可以实施改造的专业组织	• **有所作为**：有什么建议更有益于健康吗（详情请见建议 3）？	□	□	□

资料来源：改编自怡城 2015a。类似的工具还有很多（Kemm 2013; Harris et al. 2007），但是上述表格是专门为社区尺度的项目和场地开发的。

下一项建议的重点是确定具体的健康问题和主题。虽然上述基本信息调查中只有少数问题的答案是肯定的，但已经足以进行接下来的审查。如果无法获得这些基本信息，将很难继续后面的审查与评估。

从这些问题中可以看出，几乎所有场地或提案的初始阶段都需要某些类型的信息。潜在的数据来源包括地方政府规划机构、人口普查和统计局、项目开发方以及场地观察。[6] 虽然提供信息的特定组织因地而异，但是信息提供者的类型是相对确定的。

虽然有些信息很简单，比如某个场地的物理范围，但其他议题可能存在争议，此时，多源信息就发挥作用了（例如，即使是一个小项目的空间范围也可能存在争议，并产生广泛的影响）。表 3 展示了基于已有资料的数据收集。表 4 展示了新型数据的主要类型。有些数据收集较为简单，在参与和协作过程中自然产生，而另一些则需要付出更多。所需数据的数量可视情况而定，大部分的数据在社区规划或重建过程中已经获得，可以从健康角度重新进行整理。第一类观察、询问可以由专业人士、活动家、社会活动人士或当地居民单独或联合收集，最后一类则涉及多个群体。

表 3　社区健康评估的主要信息来源及类型

来源	信息类型
地方性信息	口述史、会议纪要、投诉信、地方历史档案
地方媒体	媒体报道，当地人的观点 / 反馈
行政记录	政府文件和数据库，如人口普查、财政状况、相关记载、地图
支持者	具体的建议
其他组织	当地的商业和非营利活动，政治背景
研究支撑	适用于特定类型场所的研究，后期阶段十分有用

有关新型数据的收集请参阅表 4
资料来源：改编自怡城 2015d; Design for Health 2007g

从当地居民那里收集信息，并让他们参与规划和分析，似乎是有益的。但是他们的时间是有限的，必须注意这一点，不要产生过多的参与疲劳。观察的好处是在获得数据的同时，参与者的负担较小。这一阶段中，收集的信息主要是关于场地本身的，本书后面的建议或计划则涉及从相关研究中获得信息，这也需要予以特别的关注。[7]

表 4　社区健康评估数据的潜在来源（包括参与性方法）

数据收集的类别	可能使用的方法	举例及阐述
观察人和场地	• 定位物理痕迹	• 道路的踩踏痕迹
	• 社区实地调查	• 使用检查表驾车进行观察
	• 场地踏勘	• 与社区实地调查一致，但使用步行
	• 场地评估	• 使用高度结构化的工具进行观察，如可步行性量表（walkability checklist）
	• 现场拍摄调研	• 在与被拍摄对象有特定协议的基础上，记录一定区域的影像
	• 卫星图像	• 通过图像客观反映场地的定性特征
	• 断层摄影术	• 多张图片反映特定主题的范围与变化
	• 延时摄影	• 快速显示人群活动的时空变化
	• 参与性和半结构化观察	• 对组织、场所和事件进行观察
询问意见和看法	• 非结构化访谈	• 自由提问，例如研讨会或电话访谈
	• 半结构式访谈	• 使用访谈大纲
	• 小组讨论、小组访谈	• 类似于半结构化访谈，但通过小组形式进行
	• 问卷调查和结构式访谈	• 通过面对面、电话、书面和线上等方式获得更结构化的答案
	• 互动旅行	• 参观并讨论一个场所
	• 创造意象	• 带着相机的一天（影音），当地人在那里拍照，记录它们的意义，绘制心理地图
	• 对意象进行反馈	• 视觉偏好调查，从一组图像中选出最好的一个或在喜欢的图像上做标记
	• 社交媒体上的反馈	• 从博客文章获得反馈
	• 临时装置互动	• 对临时街道摆设或标识做出反馈
通过协作方式识别问题，提出解决方案	• 参与式在线活动	• 参与式地理信息系统在线目标优选
	• 制作地图和模型	• 用关键字标注社区地图中的关键性要素和问题区域
	• 目标优选 工作坊	• 识别优势、劣势、机会和威胁（SWOT）；进行未来的搜索，在研讨会上优先考虑健康因素影响
	• 制定和确定指标的优先次序	• 社区健康指标

资料来源：Community Planning.net 2016; Gaber and Gaber 2007; Handcock and Minkler 2005; Krieger 2011; Participation Compass 2016; U.S. CDC 2015b; University of Kansas 2015a

措施

不要一开始就考虑健康问题，而是退一步思考这个项目是否足够重要。

◇ **收集多源信息，特别是对于那些存在争议和不同观点的问题。**

在初期阶段，可以通过场地感知、行政记录等多种信息和信息来源确定健康问题，整理这些信息可以将忽略重大问题的风险降到最低。[8]

◇ **如果有任何与健康相关的开放性问题，包括重大或不可逆的改变、大尺度场地或大规模人口，现有对健康问题的关注以及对弱势群体的不同影响，请继续阅读本书。**

许多因素也许可以证实，进行一项健康评估是否有价值。在这个阶段，重要的是要有广阔的视野。[9]

◇ **如果没有改变的可能性，那么就需要谨慎地向前推进。**

健康评估和审查需要时间。如果一个项目或场所难以改变，那么在资源有限的情况下，花时间和资金去进行这样的一项研究并不是一个好的选择。然而，这并不意味着应该立即拒绝健康评估。[10] 即使在这种情况下，健康评估也可能会提高参与者的健康意识。例如，公共健康专业人士可能会开始意识到规划师和城市设计师是其盟友，社会活动人士可能开始意识到当地的健康问题。[11]

关联

是否要花费资源将健康作为一项严格的标准纳入项目考虑是一个关键性的步骤。要更好地理解本建议，请参阅：

- **原则 1. 重要性**：评估场地的健康状况。

如需进一步研究，请参阅：

- **建议 2**：确定与社区相关的健康问题初步清单。
- **建议 3**：明确是否有人关心健康问题。
- **原则 2. 权衡**：通过权衡物理环境变化和其他干预措施来营造更健康的场所，从而吸引不同类型的人。
- **原则 3. 脆弱性**：规划设计需要考虑那些健康保障最为薄弱、健康资源条件最差的人。

环境与健康的关系是一个开放性问题，值得进一步研究。比如，人行道和自行车道光线充足，为人们提供了进行活动的良好条件。然而，它由于狭窄且无法进行其他类型的活动，还可能会导致与以不同速度行驶的人发生碰撞

建议 2：确定与社区相关的健康问题初步清单

在社区健康评估的早期就可能暴露出很多健康问题，但极有可能仅从一两个关键问题切入。需要注意的是，并不是所有健康问题和场所之间的联系都得到了同等的理解和研究，或产生了同等的影响。

运作机制

寻找明显的和潜在的有关健康与福祉的主题

在社区健康评估过程中，确定健康和环境之间的交叉点是一个关键步骤，通常被称为范围界定。[12] 这有助于缩小研究范围或将注意力集中在重要问题上，但同时也有助于扩大议题，将其扩展到最初并非显而易见的问题上。例如，交通系统规划对体力活动的影响是显而易见的，但更重要的可能是诸如交通安全、空气质量、服务可达性、社会关系和心理健康等问题。

作为初始步骤，列一个问题清单是很有意义的。许多健康评估工具应用范围都很广泛，可以从宏观的国家政策到具体的室内设计，因此问题清单的范围可能很大。表 5 提供了与社区相关的健康评估指标。虽然这一列表并不详尽，但它指出了社区尺度上有证据支持的关键性健康指标。拥有这些特征的场所可能产生较好的健康效益，但列表也指出了一些危险的信号。后续章节将更详细地讨论这一问题。

在调查过程中，如果表 5 中的任何指标十分突出，就需要进行更多的调查，但这并不意味着没有被标记就不存在风险。例如，可能存在与干旱或特定交通安全隐患有关的问题，或者是通过数字化指标无法体现的场地感知问题。

这片场地内有活动设施和绿化，但使用情况并不清楚，而且场地还有被破坏的迹象

表 5 潜在的健康问题

暴露	
空气质量	• 邻近的主要道路有 6 条或以上的车行道；低技术制造业；木材、粪便或类似的燃料来源
灾害与气候变化	• 低海拔区；洪泛平原；危险的行业（核电站等）；铺有大量硬质路面而植被稀少的地区；有蚊子等疾病传播媒介的地方
噪声	• 邻近的主要道路有 6 条或以上的行车道；有高速公路；机场；娱乐场地
有毒物质	• 过去、现在或未来规划中存在土地利用的问题，例如建设核设施、重型制造业和流量大的道路；有可能有污染物（化学品霉菌）的旧建筑区域
水质	• 没有污水处理设施的区域；没有清洁饮用水的区域
关联	
服务可达性 / 就业	• 500m 内没有相对频繁的交通服务的地区；距离医疗服务超过 20min 车程的地区
空间可达性 / 通用设计	• 只能乘坐私家车出行的行动不便的居民
社交 / 社交网络	• 和公共社区中心或聚会场所距离超过 1km 或 15min 车程
健康相关的行为和支持	
选择健康食物的机会	• 正常交通条件下，2km 或车程 20min 范围内没有水果和蔬菜供给
心理健康的支持	• $5hm^2$ 或以上没有植被的地区（如该地区的密度较高，则为 $2hm^2$）；拥挤的住房（每个房间有许多人）
体力活动的机会	• 距离公园或散步道超过 500m；主要道路没有人行道和人行横道，尤其是儿童和老人密集的地方
安全性（事故、犯罪）	• 交通路线夜间无灯光

该表的左列为健康和建成环境之间的交叉点，右侧提供了一些示例，举例说明了这些交叉点是如何影响社区尺度的环境的。

资料来源：改编自怡城（2015a）

根据研究证据得出的具体数值阈值可能并不适合具体情况，但这个列表至少提供了一个系统性审查的起点。

这些指标也体现了对诸如儿童和低收入弱势群体的关注。这是一个附加的但重要的视角。[13]

还可以针对环境的一个方面（如获得健康食物）来制定一个清单，这样的框架也很有意义，但如表中所示的更全面的清单有助于清晰地展现健康和场所之间的多重联系。[14]

措施

◇ **列出初步的健康问题清单，在关注重点问题和了解要素显著关联之间取得平衡。**

规划师和设计师已经做了很多评估。但是，从健康视角进行的研究有助于发现场所特定的问题和机遇。

◇ **考虑对不同人口亚群体（如儿童、老年人、低收入者、已存在健康问题的人以及在其他方面被边缘化的人）的潜在影响。**

健康影响会因暴露于环境或与环境相互作用的人群不同而有所差异。[15]

◇ **在通过数字化指标辅助审查的同时也要进行定性评估，如听取居民和专业人士的意见等。**

许多时候，通过地方性感知和实践所获得的信息是不可替代的，这些信息是外来者、依赖研究和行政管理规范的人所无法获得的。

关联

找到关键性主题有利于建构项目、计划或评估的整体框架。详情请阅读下文：

- **原则 1. 重要性**：评估场地的健康状况。

如需进一步研究，请参阅：

- **建议 3**：明确是否有人关心健康问题。
- **建议 4**：权衡利弊是各种尺度健康规划的基本要求，社区也是如此。
- **建议 5**：健康社区没有理想的尺度，但不同维度的健康涉及不同的尺度。
- **原则 3. 脆弱性**：规划设计需要考虑那些健康保障最为薄弱、健康资源条件最差的人。

建议 3：明确是否有人关心健康问题

如果你是唯一关心场所是否健康或提出健康倡议的人，你或许可以有所作为，但与利益相关者合作，则可以做更多事情。

运作机制

健康视角的重要之处在于它是一种将人们聚集在一起的方法。健康可以成为一种共同利益，几乎所有人都会关注健康，它把在其他问题上有不同观点的人联系在一起。[16]

但是，当考虑到环境与健康之间的联系时，情况可能未必如此。有一部分人可能对健康场所的营造有非常具体的想法，比如，有一些人专注于医疗保健服务，另一些人可能没有明确的关注点。专业人士之间也可能存在竞争，他们认为自己具有公共健康和医学、工程和规划、环境管理和教育方面的专业知识。有些人可能会关注从住宅到区域的不同尺度，但社区可能对他们并不重要。不同居民也可能会优先考虑不同的问题。

这一建议包含两项基本程序。首先，查看表 6 中所列出的社区和机构经常关注的问题，包括了解是否至少有一些人关心自己或他人的健康？健康评估是否会产生新的联系或视角？评估是否有能力在一定时间内完成审查并能够产生影响？判断是否有机会能够真正有所作为。在这个阶段，没有必要对每一项建议都说“接受”，重要的是能够达成一定的共识，因为这关乎是否有利益相关者，以及是否会产生影响。

对于健康问题的关注，可以让政府组织、民间组织和社区的人们一起探讨

表 6　社区和机构的关注点、效益和能力清单

关注点、效益和弱势群体	是	否	可能 / 不知道
1 关注点：在项目或场所内部或外部存在对健康产生负面影响的专业性或社区性问题	□	□	□
2 效益：建议或场所的潜在健康效益涉及专业人士或社区组织的利益，将其列为评估内容有助于巩固其影响	□	□	□
3 弱势群体：有证据表明，该项目或场所会影响儿童、老年人、低收入者或残疾人等弱势群体的健康	□	□	□
更广泛的效益			
4 有益的联系：进行健康评估将加强规划人员、公共健康专业人员、项目利益相关者、当地居民和在当地工作的人以及开发人员之间的联系	□	□	□
5 提高健康意识：通过健康评估，健康将成为一个公众和专业人士讨论的热点问题	□	□	□
能力和意愿			
6 制度变革的能力：地方政府、非营利组织和民间组织有兴趣或能力来解决这些潜在的问题，即在评估之后会采取一些行动。例如，存在一个潜在的支持者，且他有能力做出实际的行动	□	□	□
7 审查机构的能力：有能力依靠机构内部专家或聘请外部专家完成健康评估	□	□	□
8 及时性：在决策要求的时间范围内完成健康评估或审查	□	□	□

资料来源：改编自《怡城 2015a》

让对健康感兴趣的个人和组织广泛参与到健康评估的过程中，可以减少时间、增加经费支持，并获得更多的信息。

其次，除了一些小范围的措施，大部分的措施都需要合作完成。因此，找到潜在的利益相关者和创造参与的机会都非常重要。

可以从头脑风暴开始，针对一些个人和团体关心的问题，比如地点、主题和受影响的人。可以是专业人士进行讨论，也可以让居民、在当地工作的人、行政管理人员或其他对使用、设计以及管理场所感兴趣的人参与其中。他们可以来自不同的部门，公共的、私人的或社区组织。通常，在政府内部，关键性的角色往往也来自不同的级别，例如，来自市一级的规划部门和县或州一级的公共卫生部门。

本建议有助于梳理不同个人和组织对健康问题的关注点，不同群体的特定专业知识和改变能力。需要注意，对相关问题的了解程度、关心程度和控制权之间可能并不匹配。

考虑一下调查清单是否足够全面，会不会还有其他人对健康感兴趣呢？创建一个如表 7 所示的矩阵，并根据当地的条件进行补充，构建更加完善的评估体系。

寻找支持者和提供参与机会，让对公共健康感兴趣的个人和组织能够广泛参与其中，可以减少评估过程的时间，增加经费支持，并获得更多的信息。

措施

◇ **通过确定调查对象，了解他们在评估中的角色和所拥有的资源，并通过潜在的关联来确定利益相关者。**

潜在的利益相关者包括政府、居民、企业、非营利组织或非政府组织，以及来自不同专业领域的人士。

◇ **在充分考虑时间的前提下，让更多的人参与到项目中来，利用他们的专长，并鼓励为有需要的地方提出解决方案并共享其所有权。**

虽然有一种观点认为参与得越多越好，但人

表 7　利益群体和利益相关者的分析矩阵

利益群体及利益相关者	对场地、计划或建议的关注点	知识库和专业知识	改变提议的能力
决策者			
官员	多类型	政策性	中 / 高
机构工作人员	多类型	专业性	中 / 高
项目开发团队	支持者	专业性	高
专家团队			
当地的实践者（健康、规划、设计、社会工作、房地产）	提供专业和本地视角	专业性	多类型
学者和研究人员	提供专业知识，使健康干预措施真正发挥作用	研究性	多类型
社区组织	创造可以让他们过上更健康生活的场所	当地经验	通过公众参与的方式
服务供应商		专业性 / 当地经验	通过公众参与的方式
受影响人群			
居民	为其营造健康生活的场所	当地经验	通过公众参与的方式
企业主和雇员	为其营造健康生活的场所 / 客户的健康	当地经验	通过公众参与的方式
游客	多类型	特定时间的经验	低
社区团体	为其营造健康生活的场所	当地经验	通过公众参与的方式
服务人员	客户的健康	专业性 / 当地经验	通过公众参与的方式

资料来源：作者提供

们的时间有限，健康社区只是人们感兴趣的话题之一。弄清何时让不同的涉众参与进来是一个随着时间不断改变的过程，取决于许多因素，包括参与者在项目中的地位。理想情况下，健康被整合到更大的规划过程中，因此不需要做额外的工作。

◇ **确定哪些策略能够提供多种健康效益（例如，体力活动的机会和公园带来的心理健康效益），为获得更多的支持，使其至少对一个群体有帮助。**

虽然具体的建议更加具有可行性，但较宽泛的健康观念可以让更多人参与其中，并汇集更多的资源。这与下一个原则有关，即吸引不同类型的人。但本建议的重点是进行健康评估的工作过程，而不是评估结果。

关联

拥有盟友是规划和设计过程中很多环节（包括实施在内）的关键。详情请阅读下文：

- **建议 1**：是否有考虑健康问题的充分理由。

如需进一步研究，请参阅：

- **原则 2. 权衡**：通过权衡物理环境变化和其他干预措施来营造更健康的场所，从而吸引不同类型的人。
- **建议 4**：权衡利弊是各种尺度健康规划的基本要求，社区也是如此。
- **建议 5**：健康社区没有理想的尺度，但不同维度的健康涉及不同的尺度。
- **建议 8**：增加选择、获取和接触高品质、多样化和健康食物的机会，尤其是在低收入地区。

健康评估过程应该以尊重人们的时间和专长的方式进行

原则 2. 权衡：

通过权衡物理环境变化和其他干预措施来营造更健康的场所，从而吸引不同类型的人

或许有一些简单的解决方法可以营造更健康的场所，但事实并非如此。本原则与几个主题有关：成功的场所通过使用多种类型的策略来满足不同的需求，让人群在相互关联的尺度上进行不同的活动。只有一种干预手法显然是不够的。

人们有各自不同的需要，而环境对于不同的人所产生的影响也是不同的。仅仅对环境进行改变是不足以改善健康状况的。

运作机制

需求的不同

环境对不同的人群所产生的影响是不同的，这是一个关键的信息。我们设计一个场地促进成年人的步行行为，但这一设计对其他年龄段人群的帮助可能是微乎其微的，他们可能需要适合其他类型活动的环境。为改善健康而广泛应用的策略需要满足多方面的需求。一项关于如何进行较大规模项目改造的研究表明，大规模的改造通常允许多种类型的活动同时进行，从而吸引不同的群体。[1]这些具有显著吸引力的场所久而久之就能获得多方面的支持，如政治支持、资金支持以及共同的维护。例如，居住在郊区是应对低成本住房需求、家庭生计、经济刺激等问题的解决方案。而对于一些群体而言，这种方式更像是一种社会主义的行为（为工人阶级提供更优越的住房条件）。另外，它又能够促进市场的发展（造就了一批房产所有者）。[2]同样，主要道路系统为个人出行和货物运输提供了帮助，并且创造了城市发展的新机遇。[3]类似的论点也适用于20世纪具有广泛影响的诸多城市运动，如城市区域更新、公共住房体系和再开发项目，以及开放空间系统规划等。

当然，并非所有这些观点都是正确的或者益于健康的。同类的场地也有不同的形式，有一些是很好的示范，也有一些较差，比如不同形式的郊区公路和高速公路，但它们依然会获得公众和决策者的支持。

多种干预手法

虽然建造或改变环境并不足以改善健康，但新的环境的确会影响健康，例如，暴露在污染或刺激环境中。但总体而言，规划、物价、教育、社会压力和与此类似的事物可能对改善健康状况更为重要。它们可以更直接地改变人的行为，并在比居民区更大或更小的尺度上产生影响。当然，规划、教育、政策本身也可能会无法奏效。例如戒烟，尽管已经制定了多层面的方法，但除了完全禁止外，要阻止这种行为依然十分困难。只有禁止在建筑内部及其周边地带吸烟可以让这种行为在这些场所中完全消除。[4]

另一个关于骑行的例子也反映出了同样的问题。普克尔（Pucher）等人对 14 个实施“支持自行车出行配套政策”的城市进行了研究。总体而言，这些城市的自行车出行总量都急剧上升。[5]但也存在一些例外，如由于经济基础发生了改变，在美国加利福尼亚州的戴维斯市，交通通勤距离变得非常长，这就意味着自行车出行变得不再可行。这些干预措施涉及基础设施、政策法规、教育和推广等方面。这样综合制定一系列的规划、项目和政策似乎是合乎逻辑的，至少会包含一些有效的方法，并且更有可能有具体的措施吸引那些原本被排除在狭隘的干预措施之外的群体。正如普克尔等人所总结的“回顾这些案例，相比于未经协调的单独措施，综合的措施对自行车运动产生的影响要大得多。任何特定措施都会因为综合政策中的相关措施所产生的协同效应而获得更大的影响。”[6]图 9 概述了荷兰的情况。伴随建立健康社区这一更加全面的目标，对综合干预措施的需求也越来越多，这是合乎常理的。

公共空间应该为不同人群提供多种健康功能。这些目标可以通过相互支持的政策和项目来实现

（a）骑行者有优先通行权

（b）自行车隔离设施

（c）十字路口的修整

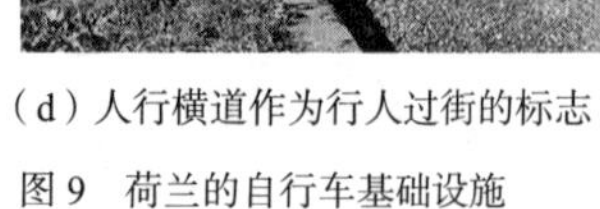

（d）人行横道作为行人过街的标志

（e）毗邻公共交通的自行车停放和租赁处

（f）综合性的自行车地图

图 9　荷兰的自行车基础设施

案例：荷兰的自行车基础设施

荷兰的自行车通勤政策是一个绝佳的案例。从 20 世纪 70 年代开始，荷兰就制定了一系列政策支持步行、骑行和公共交通，包括社区设计、基础设施建设、设施改善、价格激励措施和教育项目等。这些措施创造了一个更加安全和方便的骑行环境，特别是对于妇女、儿童以及老年人。截至 2005 年，荷兰有 27% 的交通出行是使用自行车的。[7] 相较之下，英国、澳大利亚和美国只有 1% 的出行是使用自行车的。[8]

策略示例 [9]

社区设计

- 道路设计和城市形式优先考虑骑行，其次才是汽车［图 9（a）］。
- 插建和改建优先于新开发，提倡混合功能的分区。
- 各级政府与区域整体协调交通设施和土地利用规划。
- 新郊区的发展需要建设自行车和步行设施。

基础设施和设施改善

- 广泛且独立的自行车设施系统，包括沿高速公路的骑行设施［图 9（b）］。
- 交叉路口的优化和交通信号灯的优先权［图 9（c）］。
- 交通稳静化和低速限制［图 9（d）］。
- 自行车停车场［图 9（e）］。
- 与其他交通模式和设施相协调，例如在公交车站中设立自行车停车场、自行车租赁区和“停车换乘”（park and bike）停车场［图 9（e）］。

价格激励措施

- 购买自行车实行税项减免。
- 对汽车的拥有和使用征收更高的税额（包括售卖、消费税、停车费、许可证等）。
- 通过租赁和共享自行车的形式使用便宜或免费的自行车。

政策

- 骑行者拥有高于机动车驾驶者的合法通行权（儿童和老人尤其受保护）。
- 警方和法院严格保障骑行者的权利。
- 公众可以参与到骑行政策规划之中，如参与调查和自行车委员会等。

教育计划

- 对骑行者和机动车驾驶者进行交通教育和培训。
- 出行计划网站和完善的自行车地图［图 9（f）］。
- 提高公众意识的活动和竞赛。

想要做出大的改变，就需要同时使用多种策略。

总的来说，不同的人可能需要不同的激励措施，并可能比其他人更容易受到某些环境因素的影响。因此，为了做出大的改变或阻止某种大趋势，需要同时使用多种策略，如改变物理环境、改变使用方式的政策、组织多种活动以及价格激励来打破原有的平衡，创造支持积极行为的环境，减少有害物质的暴露，并增强健康的联系。环境可能只是整个蓝图的一小部分，但总得有个起点。[10] 此外，即便不考虑整体的公共健康干预措施，环境的改变已经是一件极为复杂的事情，所以即使是小范围的环境干预也需要统筹多种方式，如图 10 所示。

关联

场所、政策和规划相互支持是支持社区健康的关键所在。如需进一步调查，请参阅：

- **建议 4**：权衡利弊是各种尺度健康规划的基本要求，社区也是如此。
- **建议 5**：健康社区没有理想的尺度，但不同维度的健康涉及不同的尺度。
- **原则 5. 可达性**：提供多种出行方式的选择并加强可达性。
- **原则 6. 联系**：创造机会让人们以积极的方式互动交流。
- **原则 8. 实施**：随着时间的推移协调各种行动措施。

图 10　不同的交通方式关联着不同的尺度或距离

健康场所关联着体育活动场所和活动，也承载着从交通运输到精神恢复等多种功能。

建议 4：权衡利弊是各种尺度健康规划的基本要求，社区也是如此

有许多方法可以使环境更加健康，但这些方法可能是相互矛盾的，所以无法同时做到所有的事情。

运作机制

创造健康的环境不仅仅依赖于如何控制污染物、刺激物或危险的暴露，还包括促进联系以及支持不同人群的健康行为选择。创造健康的环境通常需要制定综合的策略，确定优先权，权衡各方面的关系：健康相关的各种问题之间，不同群体的需要和优先权之间，健康与福祉之间，完美与成本之间。

不同的健康议题、群体和效应

健康社区理念意味着通过综合的方法解决多种健康问题。然而，从本书的其他部分可以明显看出，许多不同类型的环境都可以是健康的，但单一的环境却无法支持所有类型的健康。

紧凑型发展与分散型发展之间的巨大差异使该问题更为突出。[12] 表 8 展示了不同类型发展模式的优缺点，涉及绿色空间可达性、社会联系和安全性等。核心在于每一种发展模式都有各自在不同领域的优势，一种明显更强势，另一种较弱势，但总体而言各有裨益。紧凑型发展可以提供更多的服务，也更具积极的交通潜力；分散型发展提供了更优的空气质量和较低的噪声级。营造健康社区是一个权衡多种需求的过程。这种权衡在其他领域同样存在，例如：

- 为残障人士提供无障碍环境，同时也提供地形、台阶或其他机动性挑战的休闲路线。
- 一种是着重考虑自行车的交通系统，设立独立的自行车道或公路上的通行道。另一种是着重考虑行人的交通系统，交通流量较为缓慢，更难以预测。
- “适宜步行”的环境主要关注如何促进锻炼和减少停留，而非增加社交机会和活跃气氛，社交的环境中站立行为可能多于行走。[13]

原则 2. 权衡：通过权衡物理环境变化和其他干预措施来营造更健康的场所，从而吸引不同类型的人

表 8　从健康权衡角度对紧凑型和分散型社区规划进行比较

主题	紧凑	分散 / 生态保护
核心方法	高密度的居住和就业使人与活动紧密相连；通过步行网络相互连接，鼓励了非机动车出行。节省了城市边缘的土地，并提供了一个既高效又充满活力的环境	较低的居住和就业密度，使生态功能可以被纳入社区的规划和设计中，利用景观来构建发展框架。通过场地中的水处理、食品生产和其他自然过程，将自然和人紧密联系在一起
示例		
获得服务的途径（a）	优势在于获得服务的距离更短，也更容易通过多种交通方式获得	服务设施可能会离得更远，除非是一个小城镇或城市中的社区
空气质量（b，c）	这是一个问题，即使人们开车少了，污染行业也受到了更多的监管，但它们之间的距离更近了。空气污染热点区域会导致健康问题	可能会使用更多的机动交通工具，但密度低，污染分散
噪声（d，e，f，g）	交通、邻里、事件	问题并不突出
身体活动（h，i）	步行和骑自行车出行更容易，但人们更容易暴露在空气污染中	交通步行比较困难，但休闲步行可能更愉快；骑行很舒适；可以为其他运动和活动提供空间，如园艺活动
水质量（j，k，l，m，n，o）	集约发展导致更多的地表径流；需要更多的工程解决方案，但较高的开发密度可以承担此项费用	低强度开发使水处理更加容易

资料来源：Adapted from Crewe and Forsyth 2011; Jacobson and Forsyth 2008; Neuman 2005; Berke and Smith 200;（a）Levine et al. 2012;（b）Mansfield et al. 2015;（c）Schweitzer and Zhou 2010;（d）Babisch et al. 2014;（e）Berglund et al. 1999;（f）Fritschi et al. 2011;（g）Murphy and King 2015;（h）Forsyth and Krizek 2010;（i）Reviews in Big Ideas 4 and 5;（j）Barbosa et al. 2012;（k）Brabec et al. 2002;（l）Burton and Pitt 2002;（m）Goonetilleke et al. 2005;（n）Jacobson 2011;（o）Wang 2015

完美和成本

最终的权衡在于完美与成本。上述的一些权衡似乎可以通过设计和规划方法来解决，例如在高密度的环境中屋顶种植可以吸纳雨水，噪声墙可以减少干扰和刺激。然而，所有这些干预措施都是有成本的，屋顶种植通常需要更多的维护、更坚固的建筑结构和更高的安装成本。

城市可持续发展领域的一个案例可以帮助解析这一主题。荷兰的阿尔梅勒市（Almere）和瑞典的哈默比水岸新城（Hammarby Sjöstad）是由政府机构规划开发的备受赞誉的两个项目（表 9，图 11），旨在提供住房和就业机会。阿尔梅勒市是一个交通导向型的大规模开发项目，提供了非常高的公益住房比例和多种就业机会，并修建了大规模的步行和骑行的道路系统。但它建在围垦区（圩田）之上，从长远来看，这对环境以及健康都有影响。

哈默比水岸新城则建在棕地上，以高密度的中高层住房为主，主要特色为再循环利用、降低噪声等环保创新方法，项目包括精心规划和多样化的开放空间，每个住宅单元都能看到蓝色或绿色的景观。然而，棕地治理费用非常昂贵，这意味着虽然是公共开发项目，但住房成本只有高收入群体才能够负担得起。[14] 当然也可以给予哈默比水岸新城一些补贴，但会花费更广泛的社会成本，而回报也比阿尔梅勒市小得多。总的来说，这些例子说明了制定在各方面都行之有效的解决方案的复杂性，因而需要优先考虑健康效益。此外，社区规划与设计之外的干预措施，比如控制工业排放或噪声，降低健康食品的价格，可能会对某些方面的健康影响更大。

原则 2. 权衡：通过权衡物理环境变化和其他干预措施来营造更健康的场所，从而吸引不同类型的人

加利福尼亚州戴维斯市的乡村住宅密度不高，但提供了绿色而安静的景观

表 9　荷兰阿尔梅勒市和瑞典哈默比水岸新城的主要数据

	荷兰阿尔梅勒市	瑞典哈默比水岸新城
规模（包括总密度）	大规模：约 25000hm^2，36% 为森林面积；核心节点“阿尔梅勒市”（居民超过 10 万），密度超过 40 人 /hm^2 或 1520 户 /hm^2，且仍在开发中	小规模：200hm^2；45 户 /hm^2
开发者	荷兰阿尔梅勒艾瑟尔湖政府	哈默比水岸新城隶属斯德哥尔摩房地产和交通管理局，斯德哥尔摩城市规划管理部门合作参与
设计 / 策划	荷兰阿尔梅勒艾瑟尔湖政府和多方咨询机构	总体规划由斯德哥尔摩城市规划部门制定，Jan Inghe-Hagström 作为首席建筑师
城市 / 州	阿姆斯特丹，远郊	斯德哥尔摩，近郊
早期的人口计划	25 万，现在增加到 40 万	22000 人增加到 25000 居民和 10000 名员工
开始日期	20 世纪 70 年代规划，1976 年首批居民入住	20 世纪 90 年代初规划，一期（北部）于 2000 年完成

荷兰阿尔梅勒市和瑞典哈默比水岸新城这两个项目的特点截然不同，这表明创建健康社区的方法是如此的多样化。

资料来源：Adapted from Crewe and Forsyth 2011; * All else being equal, gross densities are always lower for larger developments that include more nonresidential uses.

暴露	联系	支持行为

阿尔梅勒市（荷兰）		
单独的自行车道及人行道可减少使用者接触机动车造成的空气污染	人行道和自行车道与快速公交和火车相连，为那些没有汽车的人提供多种选择	开放空间包括公园、林地、步行道和自行车道网络，以及共享街道

哈默比水岸新城		
噪声墙保护居民免受交通噪声的影响，同时保持视觉联系	通过步行、骑行和轮渡可以获得各种当地的公共服务，且通过轻轨和公共交通与周边地区相连	开放空间包括沿海芦苇丛生的湿地、未建成的山坡，以及作为正式开放空间的公园和小路

图 11　阿尔梅勒市和哈默比水岸新城的比较。

资料来源：Adapted from Crewe and Forsyth 2011

措施

◇ **设计和规划健康社区通常会涉及多种需求和目标。**

人们倾向于认为有最佳的解决方案，但健康和场所都是十分复杂的。这种相互制约的关系可以成为规划和分析团队与更广泛的社区之间进行讨论的富有成效的开始。

◇ **对健康权衡进行系统认识并给予优先考虑。**

社区规划和设计是一个持续性过程，发现不同目标和策略之间的制约关系是非常重要的。

◇ **找到除规划和设计之外可以有益于促进更健康环境的措施，减少规划设计途径的不足之处。**

规划和设计并不是改善社区健康状况的唯一工具。从停车费用到积极的通勤方案，塑造场所使用方式的活动规划和政策也可以产生很大的影响。

关联

同时考虑所有层面的健康问题是十分困难的，因此如何区分轻重缓急显得至关重要。为了更好地理解这个建议，请参考：

- **原则 2. 权衡：**通过权衡物理环境变化和其他干预措施来营造更健康的场所，从而吸引不同类型的人。

如需进一步研究，请参阅：

- **建议 5：**健康社区没有理想的尺度，但不同维度的健康涉及不同的尺度。
- **建议 11：**为步行、骑行和公共交通用户建立相互连接的、“更健康”的交通转换模式。
- **建议 14：**通过政策制定和规划实践，为所有道路使用者提供安全的社区交通方式选择。

建议 5：健康社区没有理想的尺度，但不同维度的健康涉及不同的尺度

小到村庄，大到都市，不同规模的城市都可以营造健康社区。

运作机制

这一建议涉及两个主题，即健康环境是否存在一个理想的尺度，以及如何运用不同层次的干预方法解决健康问题。

城市或城镇的理想尺度

许多人进行过城市或城镇理想尺度的研究。他们通过乌托邦文学、城市理论和实证分析来实现这一目标。[15]

- 经济学家一直在寻找经济效率最高的城市。但是对某一地区而言很高效的城市，从国家的角度或者不同行业的角度并不一定是最高效的。[16]经济学家也可能会思考经济如何让多样化的大城市更具创新性。[17]
- 环保人士一直在寻找最可持续的大都市区规模，但从不同层面会有不同考虑，例如最高的交通能源使用效率和水的使用。这很难通过研究获得准确的评估，因为包含太多变量。
- 规划师、设计师和居民在考虑生活质量时也需要权衡很多问题，比如规模既要足够小，生活才会更加方便，但同时也要足够大，才能支持实质性的文化活动。[18]
- 通常，这些讨论都超越了社区尺度，规模通常很大，达到百万级。

社区或区域的理想尺度

第二个层面的考虑是关于地区和社区的理想尺度。这一层面的讨论主要集中在观念或建议上，而非结论。

- 一些研究调查了感知到的社区的范围，发现感知范围小到街区，大到区域，差异十分明显。这与居民个体有关。有些更富有、更有特权，开车的人可以感知的范围更大。[19]
- 科拉伦斯·佩里（Clarence Perry）在 20 世纪 20 年代提出的“邻里单元”的概念，并建议其规模应该为一个小学或中学的服务范围。[20]即便在当时，佩里也根据家庭结构提出了一系列社区规模划分标准，从 5000 人到 10000 人不等。然而，不同的时间和其他地域，学校规模的差异很大，这意味着邻里单元可能

会更小。而如果以购物中心的服务范围作为划分标准，范围的差异将会更大。[21]

- 也有人提出，社区需要一定的规模来促进社会参与。亚历山大（Alexander）等人建议一个社会团体不超过一万人。[22]

所有的这些话题，如就业、可持续性、生活质量、社区服务和参与，都与健康和福祉有关。一般来说人们大部分活动都是在社区内进行的，使用社区外的服务与交通连接、提供的选择和个人偏好等方面相关。

没有一个确定的理想尺度

最终，研究人员得出的结论是，对于城市或城市的一部分，比如一个社区或区域，是没有一个理想尺度的，而是：

- 不同规模的都市区都各有利弊。最明显的是，较大的人口规模可以支持更多样化的服务，但与较小的社区相比，其面积更大或密度更高。
- 不同类型的项目、设施和经济活动也需要不同的人口阈值。并且部分阈值会随着时间的推进或地域的改变而发生变化。例如，支撑一所中学或小学的人口是典型的划分邻里单位的基础，但这取决于每户儿童的数量和社会认可的学校规模。随着家庭规模的缩小和学校规模的变化，现实的情况也发生了改变。
- 社区的规模与某些议题无关，但是与住宅、街区和区域规划设计以及更宏观的法规和政策体系密切相关。例如，涂料中的有毒化学物质暴露与建筑的规模以及更广泛的政策背景有关，这些政策决定了哪些化学物质被允许添加到涂料中。

小到村庄，大到都市，不同规模的城市都可以营造健康社区

也就是说，基本的日常生活是在一定的范围内进行的，特别是如果交通方式为步行和骑行，这在后面的章节中有所解释。正如我们在“术语表”中解释的那样，人以每小时 6km 的速度，10min 的步行范围大概为 314hm^2 的圆形区域。这种人类活动的普遍规律形成的限定范围可以大致称为邻里尺度（图 12）。

图 12　本书所指社区或区域的尺度，图示为纽约

本书所涉及的社区尺度从几公顷到几百公顷不等——从紧邻住宅到步行和服务供给所能达到的更大的范围。例如，一个人可以在 10min 左右的时间里从时代广场附近 $5hm^2$ 的方形区域走到接近中央公园，面积约 $300hm^2$ 的长方形的边缘。

资料来源：作者在 google 地图基础上绘制

措施

◇ **考虑规划和设计方案是如何被社区尺度以外的因素所限定的**。

社区是嵌套在其他与健康干预相关的尺度之间的。更大的尺度如交通、媒体和医疗保健经费供给等系统。大都市区、城市和城镇为社区提供了大环境背景。在更小的尺度上是家庭、住宅或学校的环境。要在社区层面进行改变通常需要了解其他背景。

◇ **关注与社区尺度相当的优秀规划和设计案例**。

不同的规模有不同的优势和劣势。一个区域的大背景也会影响社区的表现，例如该地区的空气污染状况或公共服务的可达性。对于建立一个健康的社区而言，这些考虑因素比找到一个理想的尺度更重要。

关联

一个社区没有理想的尺寸。要更好地理解这个建议，请参阅：

- **原则 2. 权衡**：通过权衡物理环境变化和其他干预措施来营造更健康的场所，从而吸引不同类型的人。

如需进一步研究，请参阅：

- **建议 10**：规定足够的人口密度，以支持健康生活方式的服务。
- **建议 13**：交通规划与土地利用规划、城市设计相协调，以提高效率、可达性和机动性。
- **原则 6. 联系**：创造机会让人们以积极的方式互动交流。

coop EXTRA

原则 3. 脆弱性：

规划设计需要考虑那些健康保障最为薄弱、健康资源条件最差的人

婴儿和儿童、老年人、疾病患者以及低收入者是最容易受到健康问题困扰的群体，他们大部分的时间都在社区内或附近活动，因此社区环境对他们健康的影响显得更加重要。

某些群体也过度承受着建成环境所引发的问题，没有资源有效地解决这些问题，或两者兼而有之。

低收入人群、婴儿和儿童、老年人以及其他弱势群体通常面临最大的健康风险。

运作机制

人口问题

在公共健康文献、独立研究，以及专业评述中，如2014年世界卫生组织发起的《世界卫生组织欧洲区域社会决定因素与健康差距的回顾》(*Review of Social Determinants and the Health Divide in the WHO European Region*)反复提及的群体包括[1]：

- **低收入人群**：他们是健康和环境关系中最弱势的群体，很少有能力去选择健康的生活方式或创造健康的生活场所。
- **婴幼儿**：因自身的生理、心理以及情感仍在发育，很容易受到环境健康风险的影响。
- **老年人**：随着年龄的增长，生理和心理都发生了变化，这意味着老年人更容易出现行动障碍和慢性疾病，从而更容易受到环境危害的影响。他们对周边环境的控制能力也比较弱，特别是当他们收入较低或无法自理时。
- **少数族裔**：在许多国家，少数族裔面临偏见、邻里疏远和历史性空间隔离等问题，这可能导致各种负面健康影响。他们还可能在获取信息和医疗保健方面存在语言障碍。

出于以上原因，关注这些人群是有意义的。首先是伦理目的，帮助弱势群体尽可能地参与社会生活，并且有尊严和健康地生活。其次是效益目的，因为预防这些弱势群体的健康问题能够为个人、家庭以及整个社会节省时间和金钱。

地方问题

城市和农村地区在公共健康和弱势群体方面面临不同的挑战。

- 居住在城市的弱势群体更容易受到建成环境的影响，因为他们可能生活在更容易受到空气污染、城市热岛效应、自然灾害、有毒物质、噪声、交通安全问题和犯罪侵害的地区。

- 居住在农村的人可能面临农业和工业的污染，以及与可达性和机动性相关的问题。农村地区通常采用较低密度的发展模式，这使出行变得更加困难，同时医疗保健、食品和公共交通等社区资源也较少。在低收入国家，能否获得清洁用水和公共卫生设施也是一个重要的健康问题。

此类问题并非只是社区尺度的问题。然而，一些社区尺度的措施是合理而有效的。和大多数人一样，弱势群体多在社区和一定的区域生活和工作。了解社区中最弱势群体的位置将有助于确定他们面临的健康和环境问题（表 10）。在进行新的社区设计时需要提高他们对资源的可达性以及减少有害的健康暴露。需要特别关注的领域包括环境危害、住房机会、通用设计、街道设计的综合方法，以实现流动性，以及获得社区服务（如食品店）。

关联

如果本书有一个基本理念，那就是弱势群体应该成为健康规划和设计的重点对象。要更好地理解这个建议，请参阅：

- **建议 1**：是否有考虑健康问题的充分理由。

如需进一步调查，请参阅：

- **原则 2. 权衡**：通过权衡物理环境变化和其他干预措施来营造更健康的场所，从而吸引不同类型的人。
- **原则 5. 可达性**：提供多种出行方式的选择并加强可达性。
- **原则 6. 联系**：创造机会让人们以积极的方式互动交流。
- **原则 7. 保护**：综合应用广泛的政策条例以及地方性措施，减少社区层面的有害暴露。

表 10　弱势群体及其与场所相关的健康风险

	空气质量	气候 / 高温疾病	灾害	住房	噪声	有毒物质
低收入人群	●	●	●	●	●	●（a）
儿童	●	●	●	●	●	●
老年人	●	●	●	●	●	
慢性病人群	●	●	●	●（g）	●	
女性	●（j）	●（k）	●		●（l）	●（l）
少数族裔		●（d）	●	●		●（a）
城市居民	●	●	●	●（n）	●	●（a）
农村人口						●（o）
超负荷 体力劳动者	●	●			●	●（q）
社会边缘人群		●	●			

资料来源：基于怡城 2014a-n；（a）住宅距离；（b）低收入国家；（c）混合结果；（d）尤其是美国；（e）尤其是 5 岁以下婚内暴力；（n）贫民窟；（o）农业；（p）受污染的水源、环卫设施；（q）职业暴露

圆点表示哪些人口群体（列在左栏）最容易受到某些健康风险的影响，本书对此进行了详细的论述（列在顶行）。

水质	社区资源可获得性	社会资本	流动性 / 通用设计	健康食品可获得性	体育活动	安全
●（b）	●（c）			●（d）	●（c）	●（b）
●（e）		●	●	●		●（f）
		●	●			●（f）
	●（h）		●（h）			●（i）
						●（m）
				●（d）	●（c）	
						●
●（p）	●		●	●（d）		
		●				

人群；（f）交通；（g）某些残疾；（h）流动性障碍；（i）交通、流动性障碍；（j）室内；（k）一些地点；（l）怀孕；（m）强奸、

建议 6：创造多种住房条件，推动社区内的住房选择

通过混合住房类型、规模和使用权（多种形式的所有权或租赁方式），社区可以为不同年龄、规模、收入和偏好的家庭提供住房选择。这有助于家庭的稳定和全龄健康。

运作机制

这一建议主要探讨住房与普遍福祉的关系。尽管图 13 展示了多项研究中所获得的相互影响关系，但住房对健康有显著影响的具体证据尚不明确，还需要更多的定性研究来更好地理解健康促进的机制。[2] 这涉及三个相互关联的问题：

- 拥有质量较好的房子。很明显，住房应该提供足够的空间、清洁的水、良好的废水处理、充足的照明、热舒适性、废物处理、无毒的表面、良好的通风，以及个人安全与保障。[3] 然而，许多地方（包括许多新开发的地方）情况并非如此。户外空间的可达性通常十分有限，甚至能够接触室外环境的阳台都较少。但是能够拥有一个规模很小但功能健全的房屋是很吸引人的，这样的房屋至少某些部分能够有足够的空间适应家庭结构的改变（例如，养育更多的孩子或赡养年迈的父母），承载综合的家庭事务，以及类似灵活性的改变。与此同时，当优秀的设计可以使高密度的住房模式更好地运作，许多社区也会以提高质量为由，避免大规模的开发。
- 在人生的不同阶段都拥有在社区中选择健康住房的权利。人可能不会一辈子住在一个社区，但无论他们住在哪里，都应该有合适的住房。一种方法是混合式的住房类型（单元房、小户型公寓、多层高层建筑、提供餐饮和家庭护理服务的住房）、住房面积和房屋所有权。这种混合并非每次都将它们打包成一个单元，像盐和胡椒那样。也不意味着每个社区都必须为所有类型的人提供合适的住房单元。对于人口较少的小户家庭，以及需要集体服务的残障人士，公寓楼是个合适的选择。

对于有孩子的家庭来说，可能希望住在学校附近；而对于老年人来说，可能希望居住在离商店很近的地方，甚至是聚集在同一栋楼里。总而言之，社区需要提供多种选择。

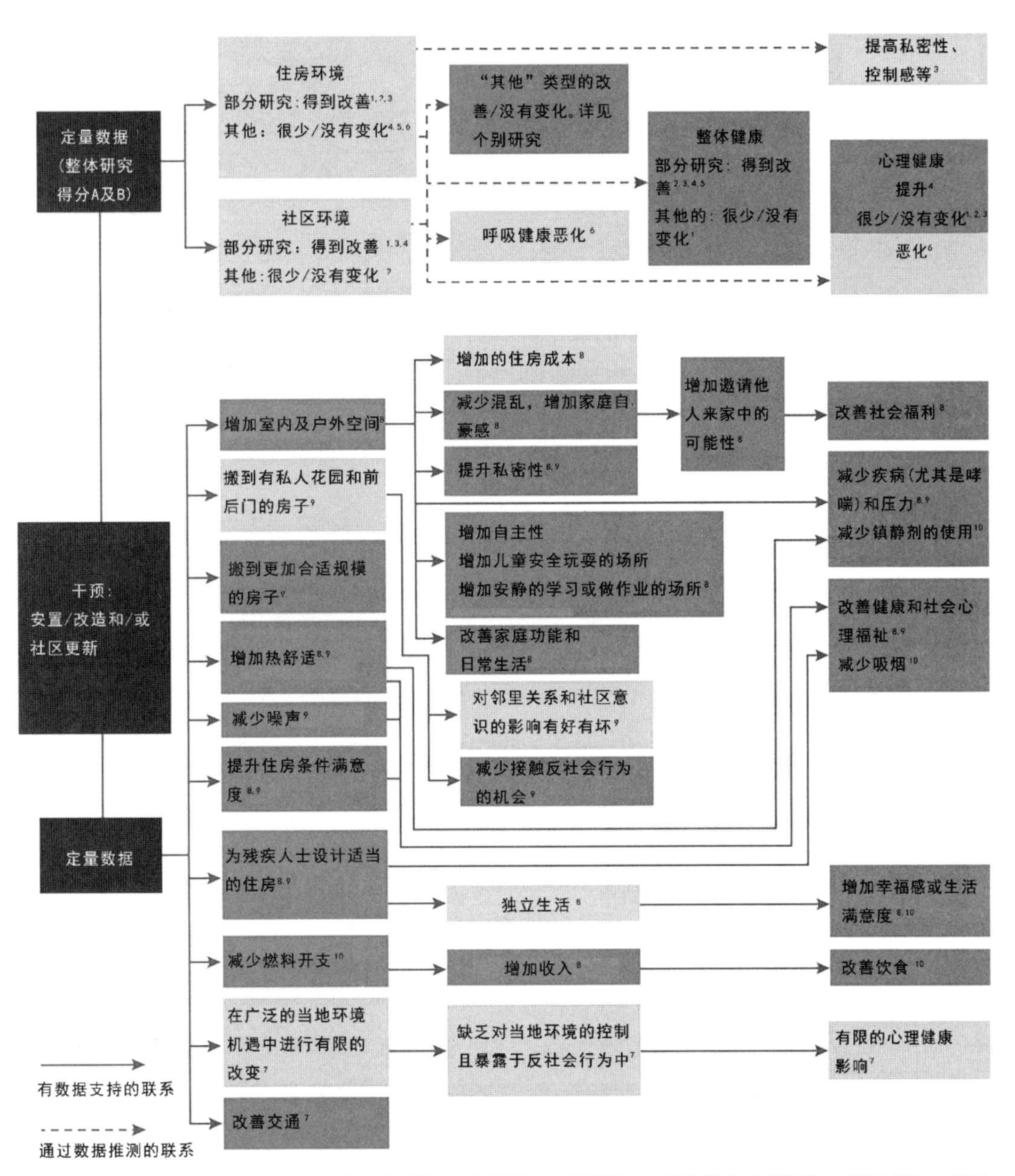

图 13　房屋改造和社区更新与健康的关系

这个概念图基于汤普森（Thompson）和托马斯（Thomas）2015 年的综述，阐释了住房和健康之间的联系。浅灰色的方框是负面的，深灰色的方框是正面的。

资料来源：Thompson and Thomas 2015

- 提供价格不太昂贵，不消耗其他资源的住房。那些在住房相关费用（租金或抵押贷款、水电费等）上花费超出其支付能力的家庭可能更容易受到健康风险的影响。表11列出了一些支付能力的挑战以及缓解这些挑战的策略。此外，资源较少的家庭往往生活在远离工作和其他资源的较不便利的地区（称为区位劣势）。由于成本问题，他们可能被迫频繁地搬家，从而切断了积极的社会关系。

健康的社区通常很有吸引力，而且可能会升值。这种现象在某些情况下被称为士绅化，可能会把最需要这些住所的人排除在外。提供一系列不同规模、密度、建造技术的住房，是营造健康住宅组合的起始。在相同面积的土地上建造更多数量的小户型单元可以提供更加经济的选择。另一种策略是使用较便宜的建造技术，如预制房屋或业主自建的方法。然而，即便如此也未必能解决所有的负担能力问题。

这意味着需要更多的策略来保障负担能力，并通过具体措施来加以解决。但是，大多数措施是在住宅或更广泛的政策尺度上，只是间接地受到社区规划和设计的影响。这些措施包括通过公有制、补贴或集体土地所有权来提供市场之外的住房，以及通过增加建设或将大的住房单位划分为小单元来增加住房供应。一般来说，这些措施要么需要城市、州和国家政府直接实施，要么需要给予私人和非营利组织政策支持。健康环境的成本是一个至关重要的问题。

健康效益实证

住宅质量

居住质量即居住的物理条件，与健康有密切联系。老旧的住房、维护不善的住房以及那些有结构缺陷的住房会增加负面生理及心理健康问题的风险（表12）。一项关于住房改善和健康效应关系的系统性调查发现，部分住房改善措施可以带来一定程度的健康改善，但这不是绝对的（图13）。[4] 在新西兰和英国进行的14项关于保暖和能效提高与健康关系的研究中，作者发现有确凿的证据支持保暖不足的环境有利于改善健康，这对已经患有呼吸系统疾病的居民最有益。[5] 尽管证据不一致，但其他住房改善措施，如增加居住和使用空间、更好的室内设计、住房满意度以及对居住环境的管理，都可能改善健康状况并提升幸福指数。但这些研究并没有评估住房改善所产生的长期健康效应。

表 11　住房负担能力问题及其对策

住房组成部分	问题	负担能力策略
土地（a）	在热门房地产市场和有良好设施（学校、就业中心、交通、服务）的地方，较高的土地成本增加了住房成本	• 提高单位面积的住房密度； • 出租和出售公共或非营利性住房； • 社区土地信托将土地成本从住房单位成本中分离出来
建筑材料与劳务	建筑材料会提高开发成本	• 允许装配式的房屋，以降低建造成本
管理成本（a，b）	复杂的建筑法规、环境和土地利用条例、开发影响费和行政障碍，可会增加规划和开发的时间和物力	• 一站式获取建筑许可和信息； • 加快经济适用房的审批和流程； • 有项目助理员指导管理流程； • 通过修缮编码简化现有房屋的改造程序
能源使用、维护和征税（长期）	最初价格低廉的房屋可能后期维持和经营的费用会更高	• 制定标准和奖励计划，促进高质量和更有效的能源利用； • 房屋修缮和节能改造项目； • 建造有助于增加收入的房屋（例如为家庭商业提供空间、附属租赁单元）
按揭和贷款（c）	利率和首付可能是一个障碍	• 首次购房计划； • 低息或延期还款贷款； • 通过共享股权项目维持经济适用房补贴（b）

这些提高支付能力的策略主要包括政府项目、政策和法规等。

资料来源：（a）Forsyth et al. 2015；（b）Schill 2005；（c）Lubell 2014，203–230

表 12　与较差的住房条件相关的健康问题以及社区层面的应对措施

健康问题	原因	社区层面的应对措施
邻里尺度		
肠胃疾病（a）	糟糕的水质、公共卫生设施及卫生条件（下水道、管道）	地区或更高级别的洁净水和污水处理系统
精神健康 （如攻击性、孤僻、心理困扰、抑郁）（a，b，c）	过度拥挤（每个房间内居住较多人）、照明不足、多户家庭同住（三个或以上）、高层住宅（特别是有孩子的低收入家庭）、噪声、对犯罪的恐惧	为有孩子的低收入家庭提供低层住宅或更大的住宅
呼吸和过敏反应（a，d，e）	二手烟、潮湿、霉变、通风不良、挥发性有机化合物暴露、害虫、宠物、颗粒物、保暖不足	建筑位于通风良好处、遮阳、被动式太阳能系统
其他相关尺度		
哮喘（a）	过敏源、潮湿、霉菌、农药接触	*
癌症（a）	二手烟、氡、石棉	*
心脑血管影响（c）	二手烟、过热 / 过冷、挥发性有机化合物暴露	*
受伤 （如摔倒、火灾 / 烧伤、噎住 / 窒息、溺水 / 淹没）（a）	结构缺陷、缺乏可达性特征、缺乏安全装置	*
死亡（c）	二手烟、一氧化碳中毒、受伤、无法正常工作的烟雾报警器、过冷或过热的环境	*
神经损伤（a）	一氧化碳中毒、水中的多氯联苯（PCBs）、铅中毒	*

资料来源：（a）U.S. HHS 2009, 5–14；（b）Evans 2003, 536；（c）Jacobs 2011, S1 18；（d）Gibson et al.2011；（e）Thompson and Thomas 2015, 208

随着年龄增长，老年人通常希望留在家里或社区里，这增加了选择的必要性。

一项关于住房类型、楼层、社区质量及其对心理健康影响的研究发现，高层住宅与自我报告的心理压力有关，这种压力在有年幼子女的低收入母亲当中最为明显。甚至儿童本身也会由于有限的娱乐和游戏活动而产生这种压力。[7] 关于高层住宅的楼层对心理健康影响的研究还比较有限。[8] 此外，关于高收入的高层住宅居民的研究也较少，但由于拥有较大的住宅面积以及更高的外出活动能力，他们比较容易避免由此产生的健康问题。一项关于住房和健康的系统调查表明，对住房所有权和健康的研究还不够深入，无法就拥有住房和租房对健康的影响做出结论。

住宅及其使用年限

全生命周期住房的概念建立在基本家庭单元、“生命历程”这一更现代的生活观念和重大的生活事件的基础上，这是理解住宅需求如何随时间变化的方法。随着全球 65 岁以上的人口达到前所未有的数量，满足老年人需求的住宅尤为重要。2050 年到 2100 年间，65 岁以上人口预计将从 16% 增长至 24% 以上。[10] 绝大多数的个人偏好调查及小组讨论结果表明，老年人希望在原地变老，即他们能在自己家里或是一直生活的社区内老去。[11] 高质量的住宅与老年人心理健康有关，生活在高质量住房里的老年人往往对他们生活的地方产生更多的依恋。[12] 但住房条件及成本是这一想法能否实现的决定性因素。[13]

尽管缺乏研究证据来支持这些具体的规划和设计干预措施，但使老年人老有所居、获得可负担且稳定的住房选择是关键所在（包括多代同堂、针对老者的生活辅助以及支持性服务）。消除住房内部的移动障碍、提供具有可达性的就近服务和社交机会，这些是对处于不同生命周期的家庭的基本支持措施。

成本和健康

住房负担能力和健康关系的研究调查表明，为了支付住房费用，家庭可能被迫在食物和医疗开销做出权衡、住在过度拥挤或条件不佳的房屋中，这会增加压力及患传染病的风险。正如住房质量一节中提到的，居住在质量不佳的住宅中的居民会面临更大的受伤风险以及暴露在铅、氡或其他有毒物质中的风险，这些有毒物质与心脑血管疾病、癌症、呼吸道疾病和过敏反应、哮喘、神经系统疾病及精神疾病等有关。[14] 蔡（Tsai）通过对 42 篇有关贷款住房、健康及精神疾病的论文进行系统研究，发现在个人层面，偿还住房贷款的困难会导致压力的产生，并对心理健康产生负面影响。[15]

艰难地维持住房费用可能会导致住房不稳定，即频繁或计划外的搬家，与压力、抑郁及其他心理疾病的产生有关。一项关于住房与健康的政策报告指出，住房不稳定可能会导致患有慢性疾病的个人无法维持其一贯的治疗方案。[16] 关于住房不安全、住房不稳定、儿童流动性、建成环境以及心理健康的研究一致表明，频繁搬家与儿童耳部感染、哮喘、发育风险、体重下降及社会性情绪问题的高发有关。[17]

对 92 项关于当地社区自然、社会、经济环境与居民健康关系研究的综述发现，较差的家庭环境和较差的社区环境往往是相互关联的，这增加了产生负面健康影响的风险。[18] 其他的研究也试图了解改善社区环境是如何有益于健康的。吉布森（Gibson）等人回顾了两项纵向研究的成果，对在美国政府干预下将弱势群体迁移到较低贫困水平地区的前后健康状况的变化进行研究，结果发现，在迁移者中，自我报告抑郁的参与者比例降低，而报告健康良好或极好的比例增加。[19] 但仍不清楚这些改善是由于新的社区环境还是新的住房环境导致的。[20]

措施

◇采取全生命历程办法来创建一个住房组合。

推广住房组合模式，包含不同的建筑类型如附属住宅单元、独栋住宅和多户住宅，以容纳各年龄段的居民。确保采用通用设计方法，最大限度地减少住宅内部的移动障碍。

◇提供高质量的住房。

住房质量主要与建筑层面的决策相关，比如

内部空气循环、结构完整性和维修。也涉及场地和社区层面，包括建筑周边开放空间的可达性，与外部噪声的隔离、有适当的照明和遮阳以提高热舒适性，以及位于安全的区域。

◇**还需要制定规模和密度以外的其他策略来保护人们的负担能力，特别是在高成本地区。**住房政策和住房计划可以持续地通过出租和自有住房的形式向最需要的家庭提供经济适用房。还有一些创新性的使用权形式，如社区土地信托拥有土地而居民拥有住房，非营利所有权或政府所有权。其他可以降低成本的技术，如协助业主自己建造全部或部分房屋，补贴利息和推进以租代购和共享产权模式。

关联

住房多样化是改善生理、社会、心理等多方面健康状况的关键战略。要更好地理解这个建议，请参阅：

- **原则 2. 权衡**：通过权衡物理环境变化和其他干预措施来营造更健康的场所，从而吸引不同类型的人。

如需进一步调查，请参阅：

- **原则 4. 布局**：通过社区的整体布局，促进多维度的健康。
- **建议 10**：规定足够的人口密度，以支持健康生活方式的服务。
- **建议 12**：增加使用附近休闲设施和绿地的机会。
- **原则 7. 保护**：综合应用广泛的政策条例以及地方性措施，减少社区层面的有害暴露。

建议 7：将通用设计原则融入社区规划设计中

场所应考虑移动性，以方便所有年龄和能力的人使用。这需要消除街道、人行道以及其他公共和私人空间上的移动障碍，并创造一个更便利的环境。

运作机制

许多人，特别是身体有残疾的人，其行动能力受到公共空间步行基础设施状况和建筑结构设计的影响。[21] 大多数人在生命的某个阶段都会因为疾病、受伤、照顾年迈的父母或年幼的孩子，或年老而产生行动不便。对于那些残障人士来说，建成环境往往令人不舒适，难以识别，或难以步行、骑行和进行运动。

通用设计是在建成环境中进行产品和功能设计的一种方法，旨在以很少或没有额外成本的方式消除障碍，通常这些障碍会成为老年人以及有身体、认知或感官障碍人群的负担。[22] 通用设计的典型例子包括用带有扶手的坡道代替楼梯，以及适合坐轮椅的人使用的台面。在国际上，类似的设计理念被称为无障碍规划、规范化、包容性设计或面向所有人的设计。[23] 表 13 为通用设计的七项原则，这些原则适用于不同年龄和能力的人，包括带小孩的成年人、受伤的人和没有任何残疾的人。[24]

尽管通用设计概念增加了移动性并提供了促进身体活动的机会，但研究表明，单纯依靠通用设计可能还不够。系统性评价和指南中还强调了其他提高机动性的因素，包括高质量的交通，距离足够近可以步行或坐轮椅出行的目的地，以及公共厕所、坐凳和照明等便利设施。

健康效益实证

一个人进行体育活动的能力与是否残疾有一定的联系，此方面的研究大多数来自美国。2009 年的美国疾病控制中心的行为风险因素监测系统数据显示，美国残障人士中缺乏体育活动的比例为 22%，而非残疾人仅为 10%。残障人士患继发性疾病的风险也会更高，如超重和肥胖、糖尿病、哮喘和关节炎等，这些疾病可以通过定期的体育活动来预防或维持。[26]

大多数关于通用设计、健康和场所的研究，都将建成环境与物理可达性和总体便利性联系起来。但是通用设计的具体特征如何促进或阻碍人们参与日常活动（尤其是老年人）的研究还不够。[27] 通用设计是增加健康行为还是改善健康结果尚不为人所知，而且也没有研究进行无障碍社区的生理、心理和社会效益的评估。[28]

一项深度研究评估了 95 个“涉及残疾和通用设计”的测量步行、骑行和休闲活动水平的工具，发现只有大约三分之一考虑了残疾人，并且只有少数通用设计原则被应用在了这些工具中。这表明在社区尺度上并没有考虑到所有用户的需求。[29]

措施

表 13 和表 14 提供了通用设计干预措施的示例，这些干预措施使不同年龄和能力的人都可以轻松地访问建成环境。

通用设计的特点是尽可能地面向不同年龄和能力的人

表 13　通用的设计原则和社区尺度的示例

原则	社区尺度的示例
公平地使用：该设计适用于不同能力人群，满足不同人群的需求	• 人车分隔的道路； • 人行道、自行车专用道、通行优先权、人行横道
灵活地使用：设计能适应不同个体的爱好和能力	• 由于越来越多的人希望居住在工作地点，因此城市中心区需要容纳越来越多的居民； • 可容纳不同活动的绿地，例如儿童游乐场、运动场地、散步小径、带长椅的花园
简单且直观：设计简单、直观、易使用，无论用户的经验、知识、语言技能或当前的专注程度如何	• 简明的路标和方向标志
可感知信息：无论环境条件或使用者感知能力如何，设计都能有效地传达必要的信息	• 交通标志、路牌和人行横道要包含一种以上的感官信息（如视觉、听觉、触觉）； • 使用图像、声音和表面纹理的变化传递信息
容错能力：该设计最大限度地减少了意外发生或意外后果的严重性	• 灾难疏散计划； • 道路的连通性，确保应急车辆的通行
低体力付出：该设计可以被高效地、舒适地使用，并且疲劳感最低	• 可负担且方便的大众交通工具（例如公交车、出租车、地铁）； • 宽阔的、维护良好的、有路缘分隔的人行道
提供足够的空间和合适的尺度便于接近与使用：无论用户的身材、姿势或移动性如何，提供足够的空间和合适的尺度便于移动、靠近、操作和使用	• 社区应综合考虑住房、交通和服务供给等条件以满足日常需求； • 提供步行设施（例如长凳、公厕）

通用设计包括七个核心原则，是在建成环境中进行产品和功能设计的一种方法，旨在以很少或没有额外成本的方式消除障碍，通常这些障碍会成为老年人以及有身体、认知或感官障碍人群的负担（左侧列）。右侧列中的示例和下文中的照片说明了如何在邻里尺度实现这些原则。

资料来源：Modified from HAPI 2014c, 4; The Center for Universal Design 1997; Nasar and Evans-Crowley 2007, 17–24

人车分隔的道路

在工作地点附近城市中心区居住的机会

简明的路标和方向标志

人行横道设施包含多种感官信息

脆弱区域的灾难疏散计划

无障碍的公共交通

行人基础设施（例如座位）

表 14　针对不同类型场所的通用设计干预措施

场所（a，b，c）	示例
街道和人行道	•（为坐轮椅人等）设置连接人行道和街道的坡道（d，e，f，g）； • 宽敞通畅的道路（d，e，f）； • 维护良好的人行道（d，e）； • 可以看到和听到的交通信号； • 充足的人行横道和标志（g）； • 栏杆 / 扶手（f）、座位和公共设施（h，i）； • 警示线（g）； • 坡度不超过 6%（e）； • 公共厕所（h）； • 导向系统（g）
公共空间 （室内和室外）	• 导向系统（指示牌、直接可见无遮挡、简明的参照点、轮椅入口、为视觉障碍认识设置触摸和声音装置）（j，k）； • 公共设施（h，i）
户外空间 （公园、花园、市民广场）	• 道路无台阶或障碍物（b）； • 宽敞的道路和人行道（b）； • 维护良好、防滑的路径（b）
建筑入口	• 宽敞的入口（f）； • 充足的残障人士泊车位（占车位的 3%—5%）（f）； • 自动门（f）； • 设置乘客上下车的地点； • 坡道（f）
交通规划和公共交通	• 在离居民区步行 10—15min 的范围内设置公交站点（l）； • 公共交通和站点的通用设计设施（m）； • 直达目的地的运输方案（m）； • 导向系统（g）

资料来源：Adapted from HAPI20 14c, 9 and（a）Centre for Accessible Environments 2012, 22– 42, 48；（b）Preiser and Smith eds. 2011, 17.9；（c）Skiba and Zuger 2009, 17–20, 21, 26, 30, 34, 67–68, 72；（d）Clarke et al. 2008；（e）Li et al. 2012, 602；（f）Rimmer et al. 2004, 421, 424；（g）University of Kansas 2013；（h）WHO 2007（i）de Nazelle et al. 2011, 775；（j）Passini 1996；（k）Marquardt 2011, 80；（l）Doerksen et al. 2007, 52；（m）Green 2013, S125

◇ **将通用设计的核心原则作为检查社区规划、设计和再开发项目的标准**。

表 13 中的通用设计原则和表 14 中的干预措施可用来评估一个场地的可达性和使用者的友好程度。在项目设计和规划的初始阶段就考虑到通用设计原则是理想的，因为改造现有场地可能是一个漫长且消耗资源的过程。[30]

通用设计的干预措施包括宽阔、方便、通畅的道路和维护良好的防滑路面。如有必要，应该提供坡道和电梯来替代楼梯

关联

从生命历程的角度来看，几乎每个人在生命的某个时刻都会需要使用通用设计的设施，但是这些设施并没有普遍应用。如需进一步调查，请参阅：

- **建议 11**：为步行、骑行和公共交通用户建立相互连接的、“更健康”的交通转换模式。
- **建议 12**：增加使用附近休闲设施和绿地的机会。
- **原则 5. 可达性**：提供多种出行方式的选择并加强可达性。
- **建议 14**：通过政策制定和规划实践，为所有道路使用者提供安全的社区交通方式选择。
- **原则 6. 联系**：创造机会让人们以积极的方式互动交流。
- **建议 16**：创建向公众开放的社区活动空间和项目，支持健康交往和行为。

建议 8：增加选择、获取和接触高品质、多样化和健康食物的机会，尤其是在低收入地区

饮食习惯取决于多种因素，包括个人和文化的偏好、收入、市场营销、教育、季节性供给以及食物的成本。但为消费者提供负担得起且健康的食物，是促进健康选择的必要条件。

运作机制

健康的饮食习惯是保持基础健康的基本条件，可以降低患肥胖、高血压、糖尿病以及其他相关的健康风险。[31] 如图 14 所示，食品的消费习惯受到多种因素的影响，包括社区的食物环境（除家庭、学校、公司或者其他食品消费场所之外的地方）。但图示内容也表明大多数有助于改善饮食健康的措施都在社区之外，包括市场营销、健康标识、价格、教育、工作场所文化和学校供给等。社区建成环境只是健康饮食环境的很小一部分。即使在美国所谓的低收入“食物荒漠”地区（其他国家没有），也不一定缺乏健康食品的选择，但健康食品的成本可能是一个更大的障碍。[32]

健康效益实证

社区有一定的重要性

一般而言，社区获取健康食品难易程度是人们食品消费习惯的主要驱动因素。在美国，持续的系统性研究发现，低收入及少数族裔社区（包括乡村和城市），更依赖于快餐，并缺少可负担的营养食品的购买渠道。[33] 这些地区也被称为“食物荒漠”。然而，这是否会影响实际的食品消费仍然不是很明确，因为还有许多其他因素同时发挥作用。

目前尚不清楚“食物荒漠”在其他高收入国家是否存在。布莱克（Black）等人针对社区食物供给环境进行了一项国际化的研究。回顾了 123 篇以美国、英国、加拿大、澳大利亚以及新西兰为研究对象的文章，得出以下结论：“有证据表明，美国在食物获取上存在不平等，但这一现象在其他发达国家不是很明显。”[34]

相比社区尺度的食物环境，其他尺度的食物环境，包括更加宏观层面的影响因素对人们的饮食习惯影响更大（图 14）。[35] 来自美国的几个样本研究发现情况确实如此。例如，一项对费城 500 多名居民的调查发现，接近 95% 的被调查者会在社区以外的大型连锁超市购物，而不是附近的商店。[36] 同样，研究华盛顿州金县 1682 名被调查者的购物模式发现，只有七分之一的人在离家最近的超市购物。相反，被调查者通常会去最近的，能够提供综合服务的大型超市。[37] 另一方面，健康食物的价格是一个全球性的问题，因为越健康的食物花费越多。美国的几项研究调查了食物价格与其营养价值的关系。

- 阿加沃尔（Aggarwal）等人对华盛顿州金县进行了调查，研究营养摄入、饮食成本以及个人社会经济地位之间的关系（n = 1226）。结果发现与低慢性病风险相关的饮食习惯需要更高的饮食成本，反之亦然。这种消费差异可能在某种程度上解释为什么低收入群体更难遵守健康的饮食方针，并且有更高的与饮食相关的慢性疾病发病率。[38]

健康食物的价格与食品商店的距离同等重要，甚至更加重要

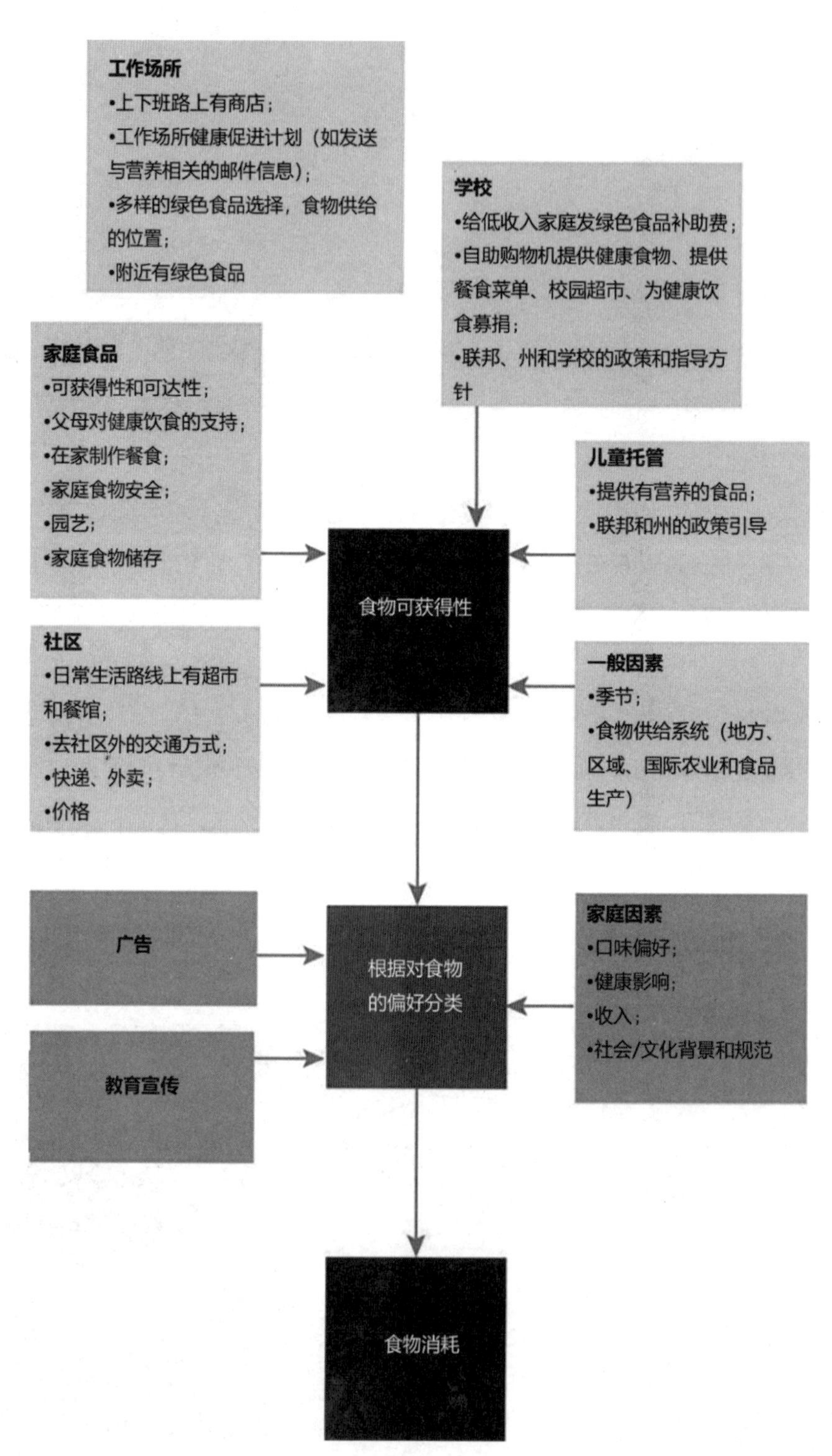

图 14　食物可获得性的广泛影响

食品消费习惯通常基于在不同尺度产生影响的多种因素，从个人和家庭到学校和工作场所，以及更大的媒体环境和食物系统。

资料来源：Adapted from Forsyth et al. 2010a；Story et al. 2008

- 德鲁诺斯基（Drewnowski）使用美国农业部用于饮食研究的食品与营养数据库，以及营养政策与食品价格推广中心的数据库，对食品价格与营养价值进行关联研究。研究发现，“单份食物价格最高的是肉类、家禽和鱼，而单份价格最低的是脂肪类食物。这些价格差异可能有助于解释低价格、高热量食品为何与较低的教育水平和收入相关联。”[39]

在这种情况下，合理的改善措施是在社区内或社区附近提供获得健康食物的渠道，如住宅与商店之间的公共交通，或低收入者也可以承受的健康食物送货上门服务。

措施

◇ **制定灵活的社区规划，以适应地理上的变化和不断发展的食品零售环境。**

饮食环境在不断发展，各个地域有所不同。例如，某些地区，食品杂货和送餐服务很少，在人口稠密的社区或规模经济地区则很常见，但这种服务也在不断地拓展。

◇ **重点在于提供廉价的健康食品来源。**

价格是购买健康食品的主要障碍，社区规划不应该使这种情况恶化。根据位置的不同，可能需要通过健康发展资金为个体供应商、市场、杂货店和超市提供支持，从而提供不同价格的健康食品；也可以通过调整公交路线、购物班车和共享乘车等策略，帮助人们走出社区获得更便宜的健康食物。

◇ **将大多数食品店设置在人们可以步行、骑行和乘公共交通到达的地方。**

便利性很重要，因此食品商店和餐馆应该位于人们可以乘车、步行和骑行到达的地方。这也意味着食品商店可以成为积极出行的目的地。

◇ **便利店、饭店、食品摊贩或公共市场等食品零售和餐饮场所的选址需要谨慎，同时要考虑公共交通可达性和商业可行性。**

如图 14 所示，紧邻食品商店并不是消费者购物行为的主要影响因素，但是在重要位置增加食品销售和购物点可以提供选择的机会。然而在对混合用途新开发项目的研究中，格朗（Grant）和福尔德（Foord）发现，加拿大和英国的一些开发项目由于缺乏顾客而难以吸引街头零售和商业租户，这种状况与规划和设计师的设想相反，他们曾认为这些地方是设置购物场所的理想地点。[40]这意味着食品零售地点的选择必须切合实际情况。

◇ **利用与食物相关的活动带来营养之外的健康益处。**

与食物有关的活动，例如社区花园，一年中可能只有几个月可以生产食物，但它们可以帮助参与者建立更长久的社会联系。家庭园艺也可以促进心理健康。购买本地农产品的计划可以促进当地经济的发展，并对健康产生间接影响。

关联

提供更多获得健康食品的途径，并不一定意味着消费者会改变他们的饮食习惯，但这确实有助于他们选择健康的饮食方式。更多建议请参阅：

- **原则 3. 脆弱性**：规划设计需要考虑那些健康保障最为薄弱、健康资源条件最差的人。
- **建议 9**：创建多功能社区，平衡各种活动，促进健康。
- **建议 10**：规定足够的人口密度，以支持健康生活方式的服务。
- **建议 12**：增加使用附近休闲设施和绿地的机会。
- **建议 13**：交通规划与土地利用规划、城市设计相协调，以提高效率、可达性和机动性。

社区花园和城市农场有助于促进社会联系，支持当地经济发展，并提供有价值的健康饮食教育项目

原则 4. 布局：

通过社区的整体布局，促进多维度的健康

适当的人口密度和活动设置，连通的街道格局，以及设计良好的开放空间设计，从整体布局上进行精心规划的健康社区能够有益于多维度的健康。在地块开发的初期最容易进行规划协调，但已建成的场所也可以通过更新实现健康改造。

运作机制

实践概述

人们生活、工作、学习和社交的社区如何支持健康行为，因人和环境而异。例如，一些场所提供了更多的休闲选择，而另一些场所则可能减少危害的暴露，这可能对某些年龄群体更为重要。

一般来说，健康社区是指有较高的就业率和住房水平，以及日常服务、公共机构、交通以及绿色空间的可达性的社区（图 15）。特别是医疗设施、休闲场所和健康食品销售点等资源的可达性可以为健康行为提供支持。从小城镇到大城市，不同类型的社区和区域环境都可以成为健康支持型环境，其中几个方面是关键所在。本章将对此进行陈述，并在后文的建议中进一步讨论。

活动：社区通常需要考虑多样化活动。虽然规划者经常称之为土地利用，但我们使用“活动”这一更综合的术语，因为“活动”可能会随着时间的推移发生变化，而静态的土地利用混合度不能很好地阐述这一特点。

对于大部分社区而言，学校、市场、商店、办公、休闲场所和其他共享信息的场所（从图书馆到咖啡店）是活动最开始产生的地方。其中一些社区是自给自足的城镇和村庄，另一些则与较大的都市地区相连。

商业办公区也包括上述多种活动。但一般情况下商业办公区只有很少或没有住宅，并且这些住宅通常靠近居住区。

活动更多的还包括一些偶发事件，如开放式街道（禁止车辆进入，但允许自行车和行人通行的街道）、农贸市场和地摊。

密度：正如“术语表”所示，密度具有多重含义。广义上密度是指一个区域的人数，可以根据居民、住房单位、就业人数、访客或这些因素的某种组合来衡量。密度与建筑的物理规模有关，尽管不同数量的人可以居住在相同大小的建筑中；密度还与土地利用状况有关。健康社区需要设置一个最低密度，以便区域内有足够的人口来支撑商店等服务，能够通过可用的交通方式快速地获得这些服务。

然而对于一个健康社区而言，如此的密度范围界定显得十分宽泛，一些社区呈叶脉状分布且十分分散，而另一些社区则建设得非常密集。

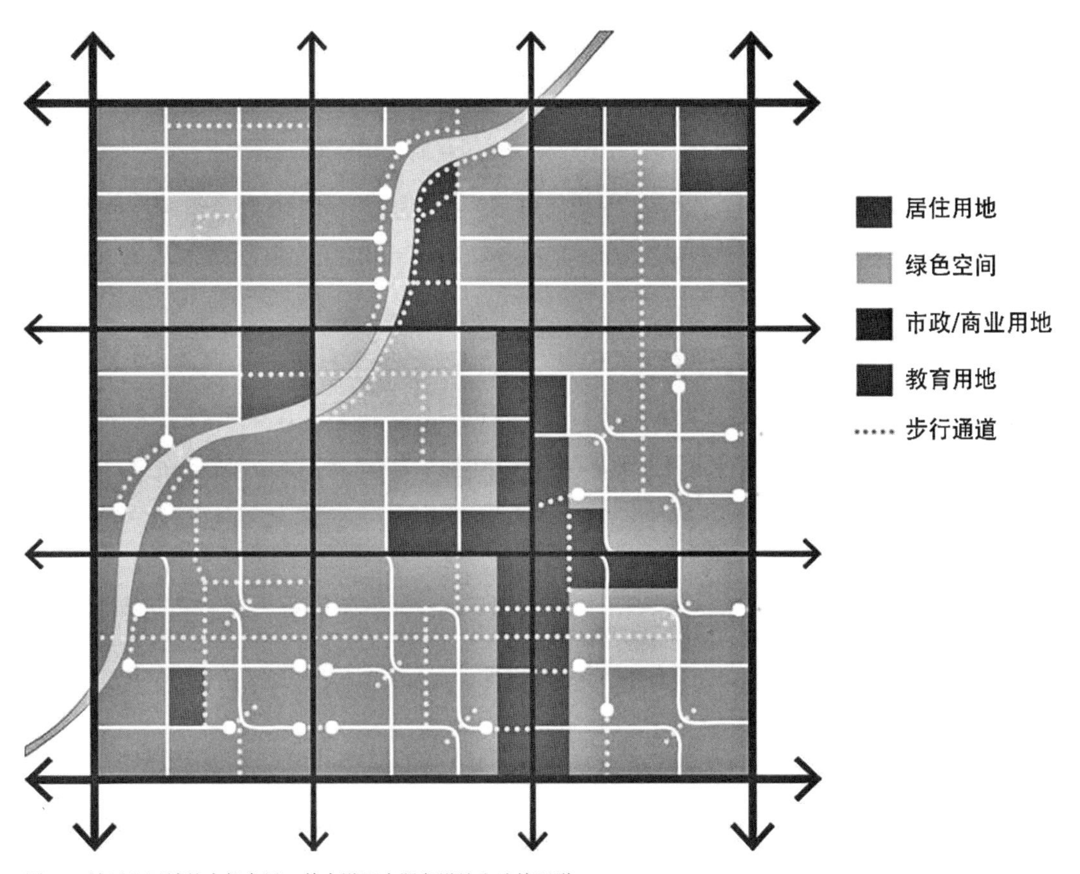

图 15　社区和区域的内部布局，其中设置有服务设施和连接通道
健康社区为日常生活中的各种活动提供了空间，并有助于人们建立社区内外的联系。图中的社区模式采用融合式路网布局，综合考虑了机动车交通安全和行人流通。融合式路网在建议 11 中有更详细的解释。
资料来源：由作者和扬尼斯・奥法诺斯（Yannis Orfanos）绘制

街道和道路模式：街区、街道和道路的布局也是健康社区的关键，因为它们不仅将人彼此联系起来，还将人与服务联系起来。在大型社区中，即使增加穿越街区的道路加强路网联通，依然会导致出行需要绕路，阻碍行人的出行。

开放空间、自然和休闲区域：健康社区最后一个需要注意的方面是室内外空间的平衡，特别是如何在区域内设置开放空间、自然和休闲区域。开放空间不足会限制人们与自然互动和参与户外休闲活动；开放空间过多可能会大大降低密度，从而导致出行困难。平衡这些方面并不容易（图 16）。

低密度的问题在于需要有足够的人口数量来支撑商店等服务，而且如果人们不会开车（包括儿童和老年人），需要有其他途径支持他们出行。高密度的问题则在于人口和经济活动集中所带来的一些负面影响，从空气质量到无处回避的交通和噪声。本节将讨论如何平衡特定场所中的这些问题和潜在效益。

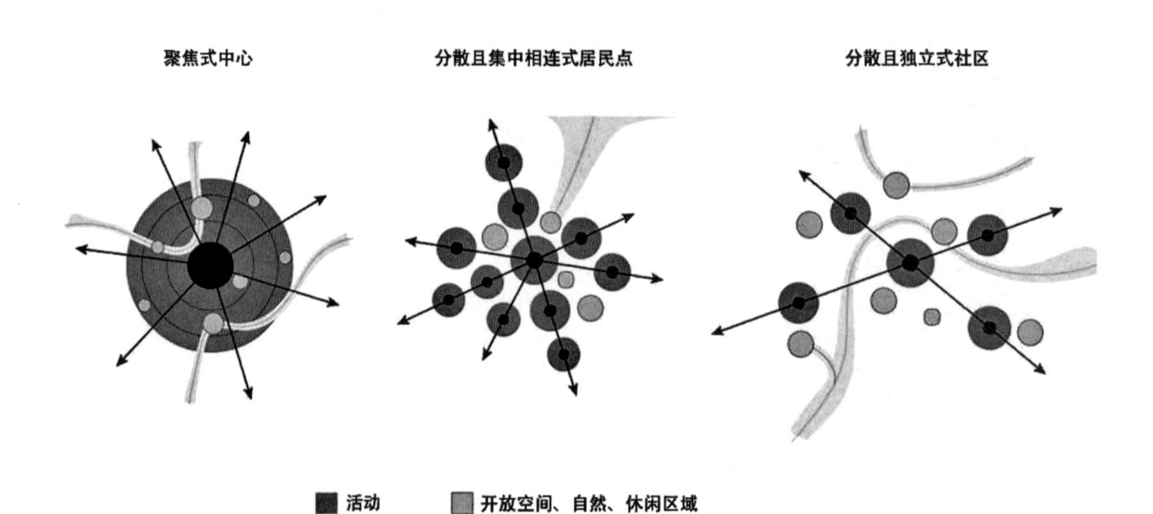

图 16　不同类型的健康社区布局方式

健康社区可以通过不同的方式聚集起来——在一个紧凑的城镇或城市里紧密地聚集在一起，抑或通过火车、公共汽车等的交通线路连接起来。

资料来源：由作者和扬尼斯·奥法诺斯（Yannis Orfanos）绘制

关联

社区如何进行物理空间布局，街道、建筑、开放空间是其基础且其改变代价高昂。如需更深入地了解这一建议，请参阅：

- **建议 4**：权衡利弊是各种尺度健康规划的基本要求，社区也是如此。
- **建议 9**：创建多功能社区，平衡各种活动，促进健康。
- **建议 10**：规定足够的人口密度，以支持健康生活方式的服务。
- **建议 11**：为步行、骑行和公共交通用户建立相互连接的、“更健康”的交通转换模式。
- **建议 12**：增加使用附近休闲设施和绿地的机会。
- **原则 5. 可达性**：提供多种出行方式的选择并加强可达性。
- **原则 6. 联系**：创造机会让人们以积极的方式互动交流。
- **原则 7. 保护**：综合应用广泛的政策条例以及地方性措施，减少社区层面的有害暴露。

需要设定一定的密度阈值来支持公共交通和可广泛获得的社区资源

建议 9：创建多功能社区，平衡各种活动，促进健康

在土地利用混合度均衡的社区和区域，人们可以便捷地到达不同场所，获得各项服务，并通过良好的交通联系激发健康行为。

运作机制

如何混合及其原因

混合土地利用和能够容纳其他临时性活动的社区，具有营造健康社区的优势。混合利用的方法可提高资源的可达性，包括开放空间和休闲设施；通过连通的街道或路径支持步行或骑自行车出行；满足公共交通所需的密度。然而，这样的社区存在很大的差异。有些社区为居民提供日常所需的基本服务，如食品商店、医疗机构和学校，并通过公共汽车、火车、自行车和汽车等方式与更广泛的城市中的其他资源相连接。另一些社区则有更丰富的混合度，能够承载几乎所有的生活需求。

问题的关键在于，健康社区需要包含什么？换句话说，所需要容纳的功能或活动是什么？

- 在此背景下，混合用途通常包括住房及其他活动。然而，公寓和独立式住宅等住房类型也可能需要混合配置，以吸引不同类型的家庭，包括有小孩的家庭以及与老年人共同生活的家庭等。
- 类似的建议也同样适用于大多数土地利用方案的四大基本类型，即商业、绿地、学校和医院。通常这些类型也需要进行组合。
- 一般来说，健康社区能够满足居民日常生活的基本需求，但住宅区域可能需要与其他区域相连接以满足居民就业和其他需求，而就业区的情况则可能正好相反。

混合细粒度：这种活动的混合也需要在一定的空间尺度或细粒度上进行规划。将三种用途或一种用途（例如住房）的三种形式以大组团的方式混合在一起并非好办法，因为每一个组团面积都可能多达数百公顷，这种结构违背了混合的目的。然而，随机细粒度或“盐与胡椒式”混合，例如商店和办公楼的随机混合，又减少了聚集的效益。组团是为了让人能方便地到达目的地和获得服务，所以重点在于混合的尺度或细粒度（图 17）。

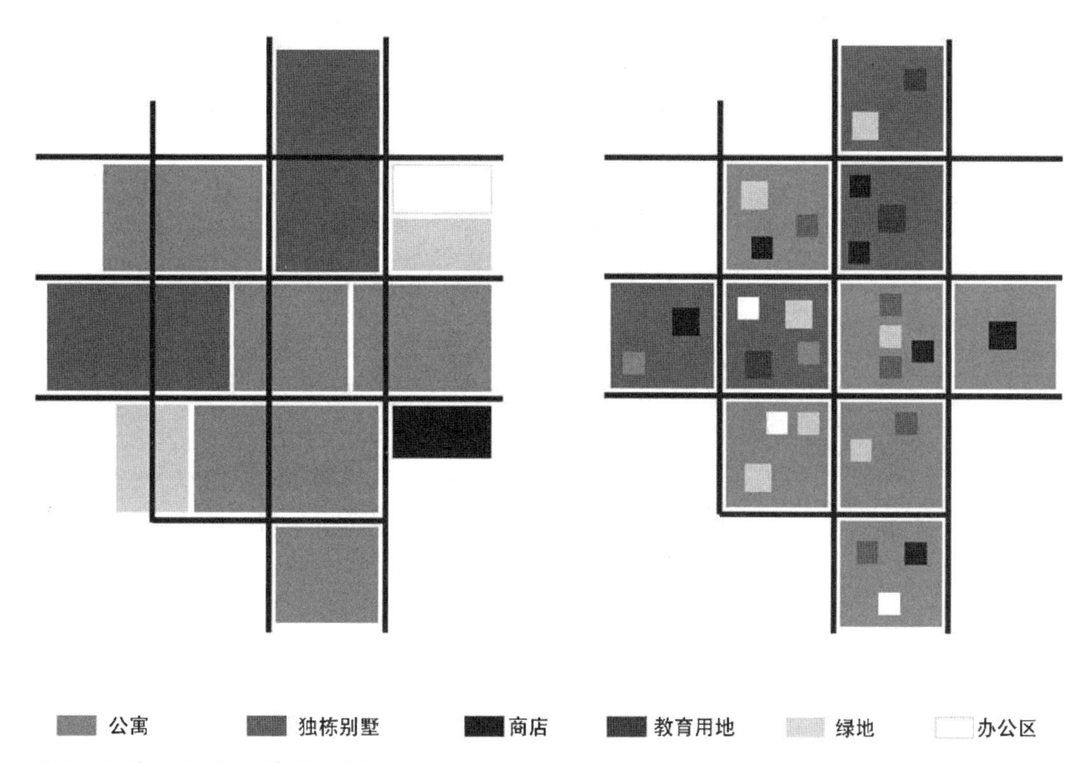

图 17　组团与随机细粒度混合的对比图

这两幅图显示了相同的网格模式和活动混合。它们的区别在于活动的聚集方式上。左图表示呈大组团布局，而右图表示呈随机细粒度或“盐和胡椒式”混合，中间区域会安排一些重要的活动，如靠近大多数居民的购物组团。

资料来源：由作者和扬尼斯·奥法诺斯（Yannis Orfanos）绘制

失败的混合：需要指出，混合土地利用本身并不一定是好的，请想象一下，将住房、汽车大卖场、砾石坑和垃圾转运站混合起来，即使这种混合有合理的细粒度且很好地聚集在一起。相反，重要的是在健康功能之间取得平衡，并仔细定位和管理其他可能对人类健康有害的用地（图 18）。

图 18　混合土地利用并不总是积极的
居住在没有管控的废弃地附近会增加患病和出生缺陷的风险。孕妇和儿童特别容易遭受废弃物暴露带来的健康影响。

从健康角度权衡混合利用

从健康角度而言，混合多种活动的土地利用需要进行权衡。

积极的互动：一方面，让大家更加聚集，也更接近服务，这意味着大多数人可以在附近找到支持和资源。这对那些不能轻松出行的人来说尤其重要，他们可能过于年老或年少，不愿或不能开车，或是没有汽车。然而，即使对其他没有这些出行障碍的人来说，邻近度也为他们提供了选项，如果他们愿意，通过步行或骑行就能获得各项服务。

消极的冲突：另一方面，把所有这些活动安排在一起有时会导致问题的产生，如不同群体之间的冲突，更多的暴露于噪声和污染之中，增加犯罪或交通拥堵以及安全问题。

健康效益实证

支持健康行为的混合利用

关于社区布局和成年人体力活动研究的综述提供了一致的证据，表明混合功能的区域对步行出行有促进作用。

麦考马克（McCormack）和谢尔（Shiell）进行的一项综述，对 1996 年到 2010 年间发表的关于建成环境和体力活动的 20 个横断面和 13 个准实验研究进行了分析，尤因（Ewing）和切尔韦罗（Cervero）对超过 60 篇关于建成环境和出行模式的研究进行荟萃分析，都显示了明确的证据，混合式的土地利用可以支持步行交通方式，从而使这一体力活动有更多发生的机会。[1]

尤因和切尔韦罗对这一结果进行了解释，步行“与土地利用多样性、交叉路口密度和步行距离内的目的地数量密切相关”。[2] 然而，对相同环境中的其他年龄群体而言，混合利用和步行之间存在联系的证据却不太一致。在 103 篇关于年轻人、体力活动和建成环境关系的研究论文中，有 63% 的论文支持与混合土地利用的相关性，而剩余论文则不支持。[3]

有关混合利用和服务可达性的研究还不多，但似乎合乎逻辑的是，如果服务近在咫尺，至少在选择上存在优势。

混合利用的潜在问题

虽然混合利用有其优势，但也有一些弊端需要通过仔细规划和设计来避免。

混合利用社区显而易见的优势是增加居民之间的互动和街道活动。福尔德（Foord）在总结了关于混合利用社区的政策、研究文献和伦敦社区案例研究的综述后发现，没有足够的证据表明混合有助于提高社会凝聚力和城市活力。根据福尔德的综述，混合利用社区很少能满足所有居民对住房和学校的需求，尤其是那些有孩子和老年人的家庭。[4] 如果社区缺少这些支持条件，在临近的区域也没有就业中心和其他服务，那么与其他社区和区域的联系就显得尤为重要。[5] 在福尔德进行的案例研究中，接受调查的居民表示，他们愿意生活在具有区位优势的社区中，哪怕这些社区存在噪声、垃圾、低社区凝聚力、骚扰和有限的开放空间等问题。[6] 这个例子描述了一种朴实的意愿，但也强调了需要仔细考虑针对不同群体的混合利用方式。

混合利用和健康危害暴露

支持混合利用布局的人认为，在一个社区或区域集中布局相关活动具有改善环境质量的潜力。但相关证据并不一致。例如，通过规划设计减少驾驶行为可以降低整体空气污染的可能性，然而，混合利用区域中缓慢的通行速度和拥堵会增加空气污染的可能性。多项研究发现，高密度混合利用区域中的空气污染更加严重。[7]

水质也可能受到影响。大面积不透水表面的区域可能会增加雨水和洪水中的污染物，它们会流入下水道、小溪和各种水体，而不是渗入地下。[8]

与此同时，混合不相容的土地功能可能会增加健康风险，特别是如果危害就位于人们居住、工作或休闲区域的附近。原则 7 讨论了由于混合利用而加剧的多种化学物质和噪声的暴露。关于混合利用布局和安全的研究在建议 18 中有更详细的描述，与同质土地利用区域相比，混合利用环境更容易导致犯罪，这可能影响与心理健康效应相关的个人安全感和压力水平。[9]

措施

❖ **在社区或区域中对合适的日常活动进行混合搭配。**

只有在合适的位置设置合适的功能，健康社区才能够具有不同功能共存的优势。[10] 规划者应确保社区具备（或能够获得）日常生活所需的基本服务和便利设施，包括学校、日托、社区中心或老年中心、休闲活动、就业和购物等。

◇ **仔细考虑具体的功能，包括如何在空间上混合这些功能，以及区域内是否存在有效的功能组团。**

如果功能组团规模太大，或过于同质（块状）或粒度太细（随机，盐与胡椒式），便会违背混合利用的目的。相反，社区或区域内具有互补的功能组团是最好的。

◆ **识别需要特殊处理，可能存在问题的功能（例如搬迁或缓冲，后文将对此进行解释）。**

例如，很重要的一点是在住宅与有毒用地或嘈杂的道路之间设置缓冲。这在原则 7 中有更详细的描述。

关联

混合利用不仅仅是为了方便，还可以提供满足生存和改善生活的资源。要更好地理解这个建议，请参阅：

- **建议 5：**健康社区没有理想的尺度，但不同维度的健康涉及不同的尺度。

进一步研究，请参阅：

- **原则 4. 布局**：通过社区的整体布局，促进多维度的健康。
- **建议 11**：为步行、骑行和公共交通用户建立相互连接的、“更健康”的交通转换模式。
- **原则 5. 可达性**：提供多种出行方式的选择并加强可达性。
- **建议 13**：交通规划与土地利用规划、城市设计相协调，以提高效率、可达性和机动性。
- **建议 16**：创建向公众开放的社区活动空间和项目，支持健康交往和行为。
- **建议 17**：设计公共场所，减少街头犯罪和居民对犯罪的恐惧。
- **建议 18**：从源头上减少污染物和化学物质，通过缓冲、技术或设计等方法将人与有毒物质隔离开来。

混合利用空间可以让人们离商店和其他服务更近，并支持步行或骑行等体力活动。然而，混合利用必须仔细规划所引入的服务于各年龄段的功能，如学校、日托设施和老年中心等

建议 10：规定足够的人口密度，以支持健康生活方式的服务

商店和公共交通等服务需要大量日间和夜间使用者。谨慎的设计和规划有助于减小高峰时期拥堵的负面影响。

运作机制

密度的定义是有争议的。正如“术语表”所描述的，它本质上是特定区域内的人口（或事物，如住房单元）的数量。然而，密度可以用很多方法进行测度，导致即使是专业人士也会产生困惑。它也经常与相关术语混淆，如拥挤（每个房间或每张床上的人）、建筑容积或覆盖率。人们对密度所存在的担忧，部分是源于这种混淆。

尽管尚未对高密度（相对于高层建筑）问题进行太多的研究，健康方面的问题涉及在低密度与高密度之间的一些权衡。

一般来说，需要注意以下几个方面：

- **必须具有足够高的人口密度，才能够支持人们在工作或生活的合理半径内获得服务。**
  这一半径因交通方式（步行、自行车、公共汽车、火车）和人们需要使用服务的频率而异（表 19）。对于诸如商店、学校或公共交通站点等活动中心，密度还反映在一定服务半径内的人数。这些服务半径大小不一。例如，美国的学校通常比其他国家更大且分类更细，因此需要更大的服务半径；火车比公共汽车需要更大的服务半径来实现满负荷运行。
- **高密度地区通常能够更有效地利用资源。**
  高密度可以节约土地和能源，并能提供更公平的交通选择，如公共交通和步行。
- **人口密度如果属于国际标准所规定的极高密度还可能导致其他问题。**
  如集约化的低层密集非正式聚居地，每个房间都住着许多人；或者是一些仅有少量景观的大型高层住宅，这些环境可能存在传染性疾病传播、空气质量差、过度拥挤、污染物和噪声增加等问题。[11] 由于社区设计和建筑高度的限制，到达绿地可能会变得十分困难。

低收入人群需要予以更多关注。例如，在密集的城市地区，他们可能集中在更容易发生洪水、其他自然灾害和健康危害的社区，这些危害可能会影响到居住在这些地区的绝大部分人。[12]

特别是在中、高收入国家普遍施行的密度范围之内，规划师和建筑师通常是高密度的坚决支持者，因为他们能从中获取巨大利益。景观设计师的关注点通常与其相反，他们兴趣点在于将设计与自然环境相结合。如同无人驾驶汽车这样的新技术可以延长驾驶者的年龄限制，新能源可以降低环境成本，新技术使低密度更可行。

然而，为了健康，需要维持一个平衡，让有意愿的人可以选择步行或骑行，让公共汽车维持运行，让共享经济发挥作用。为了实现这一切，最低密度限定是至关重要的。

健康实证研究

与密度有关的研究包括对密度本身以及资源邻近度的研究。

获得资源

高人口密度的社区和区域可以形成一定的经济规模，与直接或间接支持健康的服务相适应。例如，是否可以维持公共交通服务取决于一定的居住和就业密度，这一点已在建议 1 中详细地讨论过。一项借助于地理信息系统（GIS）对美国 52 个大都市区速率与邻近度的对比调查发现，相比低密度发展模式，高密度能提高资源的可获得性，改善交通状况，有助于让人们彼此亲近。[13]

体力活动

支持步行和骑行的区域需要功能的高度集中（高密度的住房、就业中心、购物）。2010 年福赛斯和克里泽克（Krizek）进行了一项国际性的综述，分析了 300 余项关于促进骑行和步行活动的实证研究发现，城市形态，包括密度和街道模式以及附近目的地的邻近度，是较高交通性体力活动的一个强有力的预测因素。[14]

高人口密度的潜在健康问题

然而，高密度区域也面临更多的与空气污染、灾害、水污染和废物相关的健康问题。其中一部分问题是规划、设计或管控不善所造成的。健康社区应该致力于缓解这些问题。

密度可支持人们获得服务，以及以步行或骑行出行，但也可能会引发健康问题。

措施

- **保持一定的人口数量，以支持步行、骑行或公共交通距离范围内的日常服务。**

  密度水平没有一个普遍适用的标准。设置适宜的社区或区域密度在很大程度上取决于活动功能，以及所服务的区域和人口。图 19 显示了相同的密度水平的不同布局方式。

- **关爱儿童、老年人和无车人士，确保社区和区域中有可以成为活动和交通焦点的中心，同时避免交通拥堵。**

  与许多健康问题一样，年轻人和老年人可能更加脆弱，因为他们外出、活动或控制环境的能力较差。极低密度和极高密度的地区会增加行走困难或行动迟缓者的压力——例如拥堵造成障碍，或是附近缺乏服务。

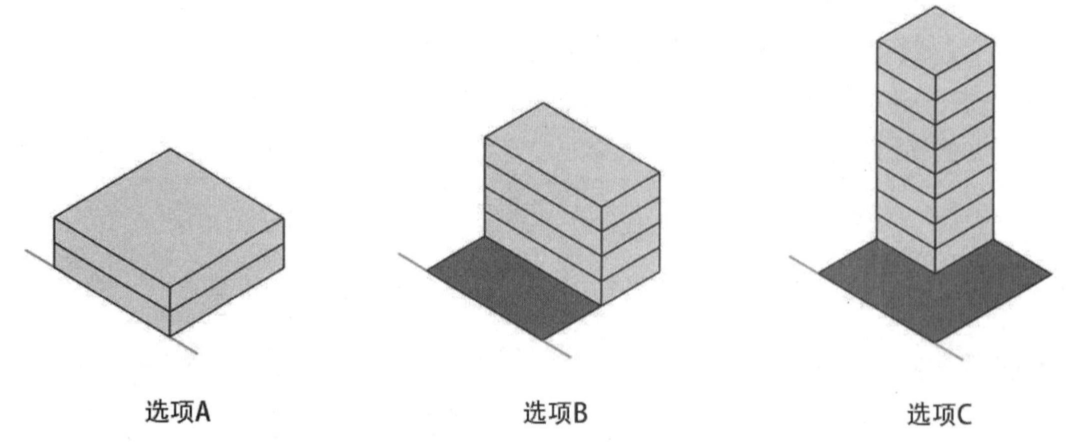

图 19　密度是一种复杂的现象

相同的建筑、人口或单位密度可以通过不同的建筑布局和地表覆盖配置方式来实现。

资料来源：由作者和扬尼斯·奥法诺斯（Yannis Orfanos）绘制

表 15　与密度有关的健康问题

健康主题	健康危害
空气质量 （a，b，c，d）	• 靠近繁华的道路和生物质燃料，会增加颗粒物和车辆尾气的危险； • 密集区域与呼吸系统疾病和支气管过敏的较高发生率有关
灾害 （e，f，g，h，I，j，k，l）	• 大量人在大城市中生活，意味着有更多的人和基础设施会受到灾害的影响
住房 （m）	• 高层住宅与自我报告的心理压力有关，尤其是有小孩的低收入母亲。应该注意的是，高层建筑并不等同于高密度
噪声 （n，o）	• 较高的密度与较高的噪声水平相关
社会资本 （p，q）	• 在人口密集的地区，社区可能缺少积极的互动； • 紧凑的组织形式可能会加剧社区问题和矛盾
废物 （r，s，t）	• 居住在靠近危险废物场所、堆填区和旧焚化炉会导致许多疾病和出生缺陷，即使在低密度情况下这仍是一个问题； • 未经管控的城市废物对孕妇和儿童而言是健康隐患
水体质量 （u，v，w，x，y，z）	• 城市径流和废水往往携带大量污染物； • 大面积的不透水表面（沥青、混凝土、屋顶）增加了洪水和径流的风险

资料来源：（a）D' Amato et al. 2010, 95；（b）Hitchins et al. 2000, 58；（c）Mansfield et al. 2015；（d）Schweitzer and Zhou 2010；（e）Adger et al. 2005, 1036；（f）Douglas et al. 2008；（g）Galea et al. 2006；（h）Gaspirini et al. 2014, 2–3, 68–69；（i）Joffe et al. eds. 2013, 2；（j）Kidokoro et al. 2008, 4, 18, 100–101, 107；（k）Pelling 2003；（l）Wamsler2014, 21–23, 82, 86,（m）Evans 2003, 537；（n）Babisch 2014；（o）Berglund et al. 1999；（p）Bramley and Power 2009, 34, 36；（q）Williamson 2010（r）Brender et al. 2011, S38, 49；（s）Mattiello et al. 2013；（t）Porta et al. 2009；（u）Barbosa et al. 2012；（v）Brabec et al. 2002；（w）Burton and Pitt 2002；（x）Goonetilleke et al. 2005；（y）Jacobson 2011；（z）Wang 2015

◆ **在高密度区域降低噪声和空气污染，并提供绿色空间，以支持体力活动和心理健康**。

为了保障高密度社区中居民的健康，非常重要的一点，居民要有足够的户外空间进行体力活动，以及有绿色空间支持心理健康。社区设计应协调建筑物高度使居民能看到绿色景观，进行合理的建筑布局以提供户外空间（庭院、阳台）并降低街道噪声，以及远离繁忙道路的车辆尾气等负面暴露（图 20）。

关联

正确处理密度需要更为周全的考虑。要更好地理解这一建议，请参阅：

- **建议 7**：将通用设计原则融入社区规划设计中。
- **原则 4. 布局**：通过社区的整体布局，促进多维度的健康。

进一步探讨，请参阅：

- **建议 11**：为步行、骑行和公共交通用户建立相互连接的、“更健康”的交通转换模式。
- **建议 12**：增加使用附近休闲设施和绿地的机会。
- **原则 5. 可达性**：提供多种出行方式的选择并加强可达性。
- **建议 16**：创建向公众开放的社区活动空间和项目，支持健康交往和行为。
- **建议 17**：设计公共场所，减少街头犯罪和居民对犯罪的恐惧。
- **建议 20**：从源头上减少接触当地噪声，并通过缓冲、技术或设计等方法将人与噪声隔离。

阳台是接触户外的媒介

混合用途区域聚集着住宅及商业

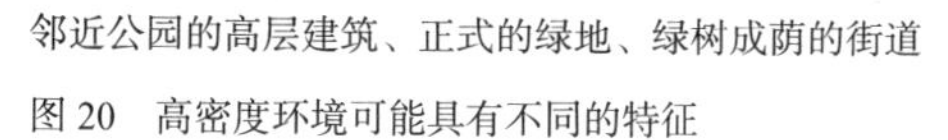

邻近公园的高层建筑、正式的绿地、绿树成荫的街道

高密度不一定是高层建筑

图 20　高密度环境可能具有不同的特征

建议 11：为步行、骑行和公共交通用户建立相互连接的、“更健康”的交通转换模式

为人们创造一个可以通过街道或其他道路出行的连通性网络，使人们能够接触重要资源和选择积极交通方式。

运作机制

观察世界各地的航拍照片可以发现存在着各种各样显著不同的街道模式，即道路的基本布局。主要可分为三种类型，其中也包含许多变化和混合形式（图 21）：

- **方格或网格模式**：像纽约市中心的规则和直线模式，或像伦敦中心区的有机模式，有许多连接点。
- **树状结构模式**：尽端路和环路连接着主要道路，正如许多郊区所见。[15]
- **超级街区模式**：基础街区规模大，大部分机动车交通位于街区边缘。从北京胡同到新泽西的拉德本模式到现代主义街区，通往城市中心的往往是一些狭窄的尽端路。更具现代性的例子包括融合式路网。

在这些大尺度的布局之中，可以对街道的宽度、家具设施和设计细节方面进行更为周详的考虑。这些问题将在原则 5 中进行详述。

健康社区道路网络设计的主要问题是，在交通安全需求与行人及骑行者便捷需求之间寻求平衡。其中一个权衡的重点在于，像网格这样的道路结构更方便步行和自行车出行，但它比其他类型道路形式更容易发生交通事故。[16]

对于一个设计良好并且功能完善的社区，关键的设计策略是保证步行和骑行网络的连续性，同时使交通流速放缓。这些策略通常包括对两种路网分别采取不同的交通减速干预措施，如在道路之间设置人行道或其他减缓机动车速度的策略（安全但更烦琐），以及更便捷的积极交通（快捷且具有吸引力）。为实现“更健康的街道”可采取四种主要方法（图 22）。

- 在方格或网格结构中切断车行道的连接，保留人行和自行车道。例如，融合式路网和对角线导流的街道稳静化模式。

- 通过树状结构和超级街区连接人行和自行车道。这是经典的拉德本式规划。
- 通过错位交叉路口或截断一些连接道路将网格或方格布局变形，在不严重阻碍行人的情况下使交通减慢。该措施将交通安全置于步行和骑行的便捷之上。

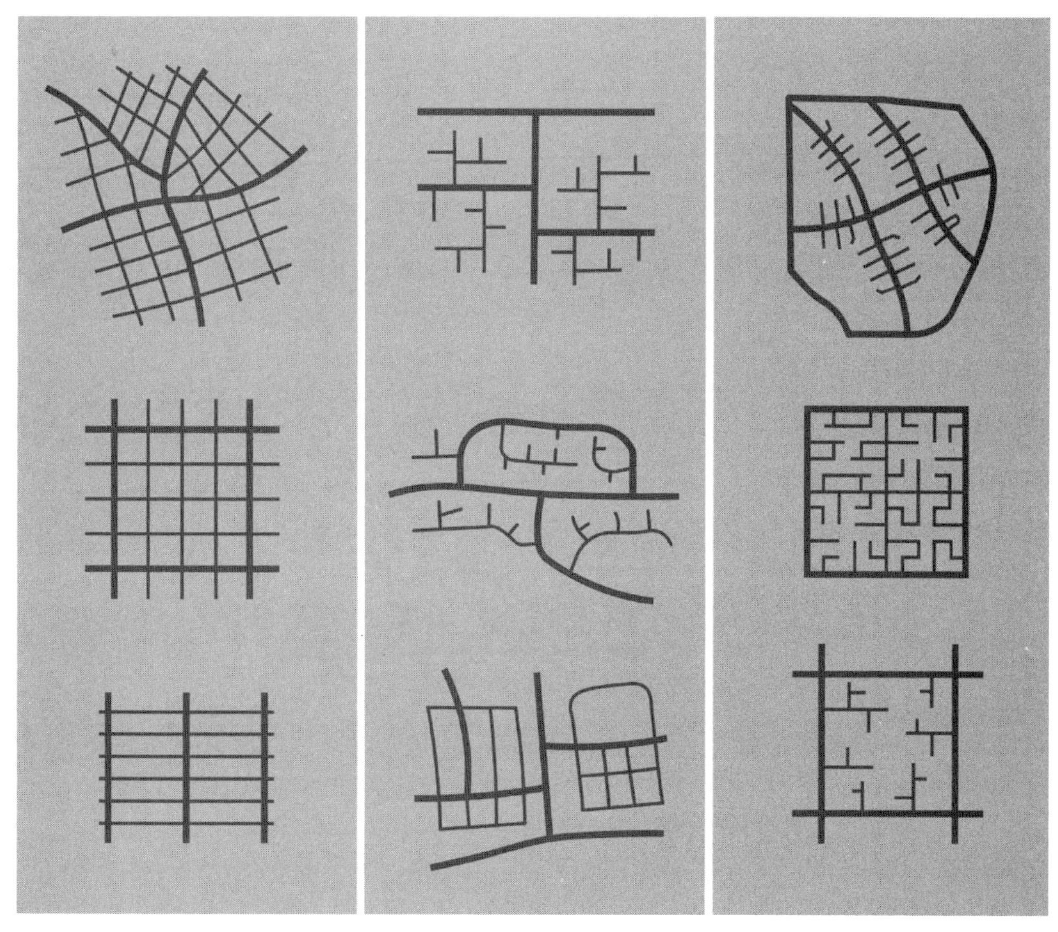

图 21　网格、树状和超级街区布局

方格或网格、树状结构和超级街区是三种主要的道路布局方式，还有许多变化和混合形式。

资料来源：部分改编自马歇尔（Marshall，2005）

融合式路网　　拉德本式路网　　三向错位式 / 荷兰可持续道路安全网络

图 22　“宜于健康通行”街道模式

通过截断网格、结合树状和变形网格对标准街道模式进行改造，可以改善交通流线，使街道稳静化，保留步行和自行车道，提高交通安全性，从而使它们“更健康地”适合非机动车出行。这些图解中没有显示步行路线，但每种案例都考虑到便捷性，将环路和尽端路连接到路网之中。

资料来源：部分改编自孙和洛夫格罗夫（Sun & Lovegrove，2013）

- 更新标识、人行横道、家具和植物；改造车行道；在不改变街道基本格局的情况下拓宽人行道，以改变人们使用空间的方式。

但是这些策略主要基于连接人行和自行车道而提出的，汽车可能需要行驶更远的距离才能到达同一个目的地。公共汽车和电车路线也可能因这种道路形式而更改，公平性可能会受到影响。因为在普通街道乘坐公共汽车的人需要等待车辆到达和乘客上下车，而路线变化可能会增加他们本已较长的出行时间。行人和骑行者也并不总是能和谐地共享空间，因此二者混合的方式也可能存在问题。然而，让自行车和汽车混行会引发其他问题。虽然没有完美的解决方案，但问题的关键在于最大限度地缩短非机动车通行距离。

健康实证研究

体力活动

方格或网格结构的高密度交叉路口和街道高连通性可提高街道网络的效率，增加居民出行路线的选择，使更直接地到达目的地成为可能。[17] 总而言之，有证据表明，相比儿童和老年人，街道连通性对体格健全的成年人和青少年体力活动的影响更大。

麦格拉斯（McGrath）等人的系统回顾和荟萃分析（2000 年至 2013 年发表的 23 项研究）发现，街道连通性与儿童和青少年体力活动之间的关系中存在争议或不存在显著关联。同样，吉尔斯－科尔蒂（Giles-Corti）等人对 113 篇文章的综述发现，相比年纪较小的儿童，街道连通性对于促进年纪较大的儿童的体力活动更重要。一项对 1990 年至 2010 年间发表的 17 项实证研究的综述探究建成环境对老年人群（60 岁以上）移动性的影响，发现高密度的交叉路口、较短的步行距离以及较近的目的地是影响移动性水平和步行活动的最主要因素。[18] 然而，近期综合和系统回顾表明，街道连通性和老年人体力活动之间的关系极其微弱，甚至毫无关系。[19]

安全

具有交叉路口高密度的网格和方格模式

传统的网格模式产生大量的交叉路口，表现出良好的连通性，尽管关于这些特征与交通事故关系的研究结果存在一定争议。

马歇尔（Marshall）和加里克（Garrick）分析了加利福尼亚州 24 个城市 11 年来 23 万多

起车祸的数据。在控制可能的混杂因素后发现，交叉路口较多（可能存在于许多街道模式中）的密集街道网络与各种严重的交通事故较少存在相关性。然而，增加街道连通性（如网格模式）和更多的车行道与较多的交通事故相关。[20]

洛夫格罗夫（Lovegrove）和赛义德（Sayed）利用来自温哥华和不列颠哥伦比亚省的大都市区及其周边 577 个社区的数据构建了碰撞预测模型。他们发现，与其他街道模式相比，网格路网的预测安全性最低，二者比率接近三比一。[21]

尽端路和环路——树状结构的变化

尽端路和环路模式不同于网格和方格街道模式，因为它们以不连续的、尽端式或限制通行为特征。韦（Wei）和洛夫格罗夫的文献综述引用了 34 篇关于弱势道路使用者（即行人和骑行者）、车流量和安全性的定性研究的文章。研究发现，尽端路的车流量较低，但紧急任务用车的通行受到限制。[22] 对于行人和骑行者而言，社区道路与较大主干道交接处存在安全问题。[23] 然而，由于车流量低，儿童可以在房屋视线范围内的街道上玩耍，尽端路可能会促进儿童的体力活动。[24]

超级街区的变化：错位和切断车行和步行路线

三向错位式（three-way offset）的街道网络将所有的四向交叉路口转变为三向“T”形交叉路口，试图兼顾可达性和安全性。荷兰可持续道路安全网络（Dutch Sustainable Road Safety Network）与之有所不同，因为它设置了更多的四向交叉路口（参见图 22 进行比较）。洛夫格罗夫和赛义德的碰撞预测模型（前文所述）发现，三向交叉路口显著减少了车辆碰撞。[25] 洛夫格罗夫和赛义德进一步分析了碰撞预测模型，通过统计学方法测试了邻里路网结构和安全性。从预测结果而言，三向错位式网络是最安全的；而如前所述发现，网格模式是最不安全的。[26] 三向错位式或荷兰可持续道路安全网络可能存在的缺点是，没有为行人和骑行者设置专门的且更直达的路网，他们与汽车共享道路，具有完全一致的可达性和连通性（表 16，图 23）。

细粒度人车分行网络的超级街区

融合式路网是指在一定区域内采用去除一部分车行道的网格式路网，然后将其叠加在步行、自行车或公共交通线路的对角线网络之上。[27] 韦和洛夫格罗夫在他们的文献综述中总结道："与采取传统道路模式的类似社区相比，三向错位和融合式路网社区模式可以减少 60% 的机动车碰撞。"[28] 这与拉德本式设计相似。正如前文所述，在全面采取拉德本式路网规划后，苏格兰坎伯诺尔德的事故率降至英国的四分之一。[29] 但这个模型难以解决的问题是，道路网络的非街道部分是否安全，尤其是在晚上，这通常是一个问题。

表 16　城市街道模式的主要类型：优势、问题和改善策略

类型	优势	问题	改善策略
方格或网格模式	• 高连通性和可达性； • 促进（成年人的）交通性体力活动（a，b）； • 可以应用于高密度环境中（可持续性）	• 交通速度可能会过快； • 会造成交通堵塞，以及行人和骑行者的安全问题（c）； • 连通性越高与犯罪率越高相关（a）； • 可能比尽端路造价更高（用地更多）（a，d）	• 交通稳静化（e）； • 行人和自行车基础设施； • 封闭某些道路，禁止车辆进入，但仍允许行人和自行车通行，从而形成一个融合式路网
树状结构模式（包括尽端路和环路）	• 缓慢的交通速度； • 可以促进儿童体力活动（f，g，h）； • 在北美、英国和澳大利亚的住宅区中很受欢迎（i）	• 因依赖汽车而受到批评； • 通常不支持步行或自行车出行（行程较长、不方便）（i）； • 紧急任务用车通行受限（i，j）； • 尽端路与较大主干道交接处的安全问题	• 在可能的情况下，为行人和骑行者将尽端路相互连接起来，并将尽端路与沿着路旁小径的目的地连接起来（j）； • 在主要交叉路口设置标识或环岛（j）
超级街区模式	• 安全（j，k）； •（与汽车相比）对于行人和骑行者来说具有较高的可达性和连通性（l）； • 应急任务用车仍然可以顺利通行	• 没有优先考虑步行 / 骑行道路之间的连通性——在街区边缘，它们与车行道共用同一个网络； • 很难改造； • 成本可能是一种障碍（m）； • 绿色廊道的维护（m）	• 增加额外的路旁行人通道、自行车通道或公共交通通道； • 步行和自行车道沿线的绿地

资料来源：（a）Cozens and Hillier 2008, 63;（b）Ewing and Cervero 2010, 276;（c）Marshall and Garrick 2011;（d）Sun and Lovegrove 2013, 35;（e）Sun and Lovegrove 2013, 44;（f）Ding et al. 2011;（g）McGrath et al. 2015;（h）Sallis and Glanz 2006;（i）Sun and Lovegrove 2013, 38;（j）Wei and Lovegrove 2012, 147（k）Lovegrove and Sayed 2006b, 620;（l）Frank and Hawkins 2008, 5;（m）Mang 2013.

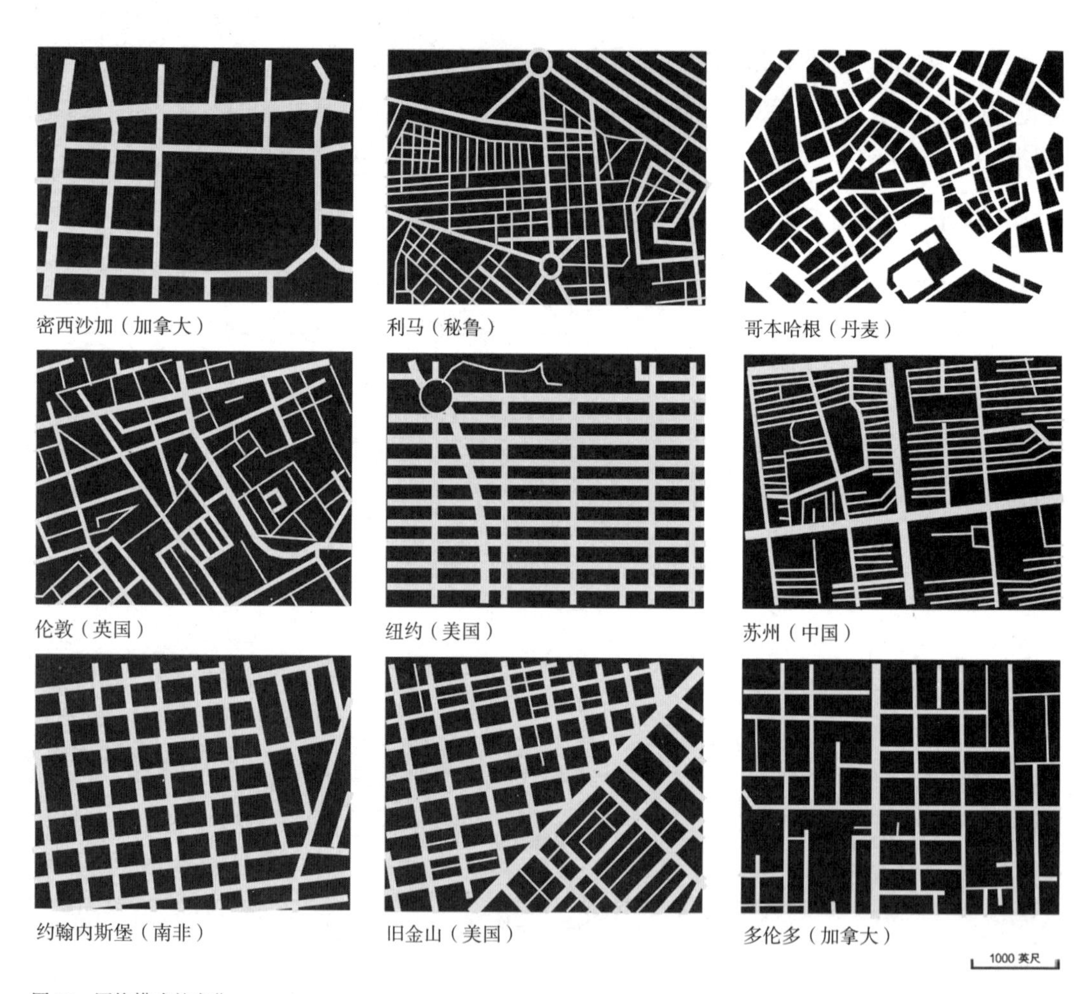

图 23　网格模式的变化

世界各地的城市有着不同类型的街道模式（方格或网格、树状结构和超级街区）。

措施

◆ **提供多种路线选择，鼓励步行和骑自行车出行。**

骑行和步行的人作为道路上最慢的使用者，最为关注的是直达性问题（尤其是对行人而言）。为了提高步行或骑行的可行性，无论哪种街道模式，提供多种路线选择都是有所帮助的。这意味最优先被考虑的是行人和骑行者，而不是汽车。

◆ **在可能的情况下，用自行车道和步道将尽端路以及目的地连接起来**。

打通连接尽端路与其他街道及绿地的步道和自行车道，可以增加连通性，并可能会显著增加步行和骑行出行的比重。

❖ **尽量缩短目的地之间的距离，以避免非机动交通处于不利**。

重新规划路线以降低车速可能会在无意中影响到公共交通乘客、行人和骑行者。为了避免非机动交通和公共交通处于劣势，应该尽量缩短目的地之间的距离。公共汽车或公共交通专用车道也是值得考虑的。

❖ **以不同方式处理每一种可能的模式，以推进更加健康的交通模式**。

每一种街道模式都可以是健康的，但需要以不同的方式处理。例如，在网格模式下增加交通稳静化措施，在树状结构中接入步行和自行车通道，以及在超级街区中设置步行网络，这些都被认为是安全的。更多措施请参阅建议 14。

关联

一个设计良好的街道模式可以安全地将人们与健康生活所需的资源连接起来。如要更深入地了解该建议，请参阅：

- **原则 3. 脆弱性**：规划设计需要考虑那些健康保障最为薄弱、健康资源条件最差的人。
- **原则 4. 布局**：通过社区的整体布局，促进多维度的健康。

进一步探讨，请参阅：

- **原则 5. 可达性**：提供多种出行方式的选择并加强可达性。
- **建议 13**：交通规划与土地利用规划、城市设计相协调，以提高效率、可达性和机动性。
- **建议 17**：设计公共场所，减少街头犯罪和居民对犯罪的恐惧。

建议 12：增加使用附近休闲设施和绿地的机会

绿色空间和休闲设施可以提供多种健康效益，包括降低城市热岛效应、提供体力活动和生态教育的机会、改善水和空气质量、远离交通和噪声以及提升心理健康水平。

运作机制

绿色空间和休闲设施有多种形式，从体育馆和儿童游乐场到步道和自然公园。一个优秀的健康社区可以兼容这些空间形式，为不同类型的使用者提供选择，并能够让使用者从单一干预措施中获得多重效益。这些效益包括体力活动、交通安全、移动性、通用设计、健康饮食、自然降温、水质保护和心理健康等。例如，社区花园可以成为一个促进健康饮食的科普教育空间，也可以改善园艺活动参与者的心理健康状况，并使他们获得健康和季节性的农产品。为了实现这些效益，需要考虑几个问题：

景观结构是指绿色空间和开放空间的整体格局，从庭院和口袋公园到林荫道和越野小径，再到更大的地区性和区域性公园以及自然区域。从人类健康的视角来看，有三个关键因素：

- 从住宅和工作场所到达绿色和休闲区域（视觉上和物理上的）可达性。物理层面的邻近对那些出行困难的人群（老年人、年轻人、不甚富裕者和行动不便者）来说尤为重要。[30]
- 场所之间的连接。人们可以轻易地在它们之间通行，例如使之成为步行或骑行线路的一部分。除开庭院等私人场所，这至少需要占用一些公共场所。
- 多种多样的设施和环境特征。使人们可以参与不同类型的活动，以及使场所能够吸引不同年龄段的人群。

场所规划和设计可以支持场所内和跨场所的多类使用者和多种需求，并且还允许在同一地点容纳不同功能（例如休闲和雨水管理）。

管理和策划应该为人们聚集、互动和社交提供动力——例如音乐会、节日或农贸市场。

公园是一个很好的资源，尤其是在城市社区中（如上图）。它们可为城市居民提供户外体力活动的机会，并产生与绿地相关的心理健康效益

健康实证研究

心理健康

过去几十年的研究明确指出，与自然接触有助于促进心理健康、改善认知功能和缓解压力。

虽然一些对绿色空间的偏好可能是与生俱来的，并受到人类进化的影响，但这些使用环境的偏好和方式在很大程度上是由社会经济、环境和文化的影响所共同塑造的。[31]

一项针对英国绿色空间体力活动的研究发现，仅仅 5 分钟的户外活动就足以改善心理健康。[32, 33] 一项关于自然环境（如公园、野外保护区、大学校园）与人工环境（如体育馆、购物中心）健康研究的荟萃分析（纳入 25 篇研究论文）发现，与人工环境相比，在自然环境中散步和跑步时自我报告的积极情绪更高。[34] 此外，综合分析 11 项室内外锻炼的对比研究发现，户外锻炼与更佳的自我报告压力、情绪和能量水平有关。[35] 自然环境甚至被证实有助于改善注意力缺陷、阿尔茨海默症患者的症状（表 17）。[36]

表 17 绿地类型与积极健康行为和结果的关联性

绿地类型	相关描述	健康行为与结果
城市公园	各种规模的公园，包括面向各种不同人群和用途的口袋公园	• 体力活动选择； • 防止高温（a）； • 雨水下渗（水质保护）（a）； • 社交（a，b，c）； • 心理健康（a，b）
休闲设施（公园除外）	游乐场、沙滩、游泳池、社区中心、野餐区、运动场和运动器材等	• 体力活动（d，e，f，g）； • 社交（b）； • 放松和心理健康（b）
路旁步道、小径和绿道	连接人和场所的线性公园	• 体力活动（h）； • 获取社区资源（h）； • 交通安全（h）
树冠覆盖面	街道上的树木，公共和私人产权上的树木	• 防止高温（城市降温）（i，j）； • 减缓气候变化（吸收二氧化碳）； • 心理健康（i）； • 隔离交通和噪声的缓冲区（k）
建筑物附近的景观和花园	尤其适用于学校、养老院和医院等	• 雨水下渗（水质保护）（l，m）； • 防止高温（城市降温）； • 隔离交通和噪声的缓冲区（k）； • 心理健康（i）

不同类型邻里绿色空间与积极健康结果关联的相关研究。

资料来源：（a）Forsyth and Musacchio 2005, 3–5, 144；（b）Barton and Pretty 2010；（c）Harnick 2006, 57；（d）Ding et al. 2011；（e）Rosso et al. 2011；（f）Van Cauwenberg et al. 2011；（g）Wendel-Vos et al. 2007；（h）Dallat et al. 2014；（i）Maller et al. 2009, 59, 62, 66；（j）Stone et al. 2010, 1427；（k） Daigle 1999, 139, 153；（l）Austin 2014 154–172；（m）Burke 2009

运动

休闲活动或锻炼与建成环境之间并不一定存在联系，相反，从成本到个人偏好等其他因素似乎更为重要。[37] 然而，休闲设施的可达性可以在提供休闲机会方面发挥作用，尤其是对儿童和老年人。[38] 克里斯蒂安（Christian）等人综合分析了过去 30 年针对（7 岁以下）儿童的研究：“强有力的实证证据表明，那些交通安全且拥有绿色空间（即自然、公共开放空间、公园和游乐场）的社区对早期儿童健康和发育的行为（即户外游戏和体力活动）具有促进作用。”[39]

措施

◆ **规划具有不同功能和面向不同使用者的空间网络，以实现不同的甚至多重的健康效益。**

社区或区域内的小型公园可以进行系统性规划，并可以像大型公园一样产生生态、社会、生理和心理方面的效益。每个公园可以有不同的功能属性和空间特点，同时保持较高的可达性，并连接到一个更大的开放空间系统之中。[40] 这对生活在高密度住宅区的儿童来说尤其重要。[41]

◆ **让潜在的使用者与这些场所形成物理上或视觉上的联系，尤其是那些健康保障薄弱的人和可能使用这些场所的人（如年轻人和老年人）。**

公园和社区休闲绿地应该对附近的街区都开放，任何活动能力和收入水平的人都可以使用。[42] 在理想情况下，它们应该位于所有居民步行可达的范围内（最佳距离为 400—800m）。如果有可能，它们应邻近公交站点，以增加可达性。

◆ **将这些场所联系在一起，使人可以穿行其间，成为锻炼和休闲过程的一部分。**

导向系统、人行和自行车道以及市场营销可以将空间连接起来形成一个网络，鼓励使用者在它们之间穿行。是否能够成功地通过道路将不同场所连接起来，主要取决于可达性、适当的维护、安全性和持续的资金投入。[43]

◆ **规划场所以满足多种用途，并减少问题冲突。**

公共空间的策划和管理可以为不同的使用者在一天中按顺序安排不同的活动，从而有助于减少空间使用上的冲突。[44] 例如，青少年的运动可以安排在放学后或周末，而老年人的活动可以优先考虑安排在学校上课期间。

◆ **对建筑附近的绿地进行规划，以提高心理健康水平、改善认知能力、缓解压力和促进更好的疗愈效果。**

在建筑物附近设置绿地，并确保视觉上的绿

色可达性，这会有助于心理健康。绿地不需要规定统一的或特定的规模。在空间有限的城市区域，它们可以是小型公园、林荫道、步道，甚至是从建筑物上看到的植被。

关联

休闲机会和绿地可以增加体力活动的机会，也可能具有更大的心理健康效益。进一步探讨，请参阅：

- **建议 8**：增加选择、获取和接触高品质、多样化和健康食物的机会，尤其是在低收入地区。
- **建议 15**：确保充足的步行和骑行基础设施以及公共便利设施。
- **建议 16**：创建向公众开放的社区活动空间和项目，支持健康交往和行为。
- **建议 17**：设计公共场所，减少街头犯罪和居民对犯罪的恐惧。

绿色空间需要对所有年龄和活动水平的人都具有物理上的可达性和可用性。图示的城市开放空间靠近建筑物，且具有宽阔平坦的道路

在户外绿色空间中活动，对情绪、注意力和精力都具有许多已被证实的益处，并且还有助于改善注意力缺陷、阿尔茨海默症的症状

广东路
188866

原则 5. 可达性：

提供多种出行方式的选择并加强可达性

没有一种万能的交通解决方案可以满足所有社区的移动性和地理可达性需求，所以关键是提供多种选择。

运作机制

希望人们过上享有各种资源的健康生活，就需要引导人们去获得资源，或者将这些资源带到社区中（例如通过快递、医疗机构、便利店）。并非所有的连接都需要人或物的流动，电话或互联网也可是便捷的资源获取途径。

交通基础设施及其网络的目的是提高移动性，或不同地点之间的移动能力。移动性可以让人们快速、安全、方便地出行，从而产生间接的健康效益。如果一个社区可以提高步行或骑车等非机动车交通方式，便捷到达附近公共服务设施或交通枢纽的比例，就可以鼓励人们进行更多的体力活动。然而，社区中多样化的出行需求要求我们提供多种交通方式选项。社区规模和密度导致了交通方式的差异。

可达性和移动性

大多数城市中的社区都有一些临近的社区资源。但问题是，居民是否可以快速便捷地到达这些地点？是否可以不需要机动车出行？有一些群体，包括年轻人、老年人、低收入和某些身体障碍群体无法驾驶机动车，这些群体可能面临地理可达性和移动性方面的劣势。当然情况并非总是如此，每个地方的情况并不太一样。对他们而言，其他交通方式，如公共交通（或者辅助客运系统和共享出行系统，如共享汽车、出租车和拼车）、自行车和步行都是重要的出行方式。

在社区层面，交通和健康之间的联系需要考虑几个关键性因素：运输的对象是谁？交通工具的可用性和服务水平如何？以及其他个人和系统层面的因素。

运输的对象

- **人**：私人交通工具或人的运输。
- **向公司和家庭运送货物**：例如，将物品搬到新的住所或仓储地点，或将当地生产的物品运输到其他地方。
- **紧急服务**：救护车和消防车服务等。

运输方式和服务范围

- **出行方式**：与社区层面相关的是步行、非机动车、私家车和公共交通。
- **服务和便利**：时间表、安全性、成本、客户服务、基础设施维护、行程时间和可识别性。

用户层面和系统层面因素

- **用户层面因素**：由于各种原因所限，并非所有交通工具都能被所有人群使用，这些原因包括对特定模式的偏好，身体行动不便，没有车或不会开车，或公共交通服务匮乏。
- **系统层面因素**：许多因素影响个体交通选择和交通可用性，例如政策和资金环境、土地使用规划（或缺乏规划）、总体就业水平和文化习俗等。

这些因素及其对移动性和地理可及性的影响存在复杂的关系，因而对健康产生了积极或消极的影响（图 24）。本章将介绍与此相关的基础研究和相关议题。

低密度地区出行需要汽车

提供选择

美国的一些交通和规划机构提出了“完整街道”的概念，这一概念倡导“给予非驾驶员同等的道路空间份额，以实现公平目标。”[1] 2009 年，扎韦斯托斯基（Zavestoski）和阿格曼（Ageyman）编制了 80 个州和地区“完整街道”的政策清单，发现这些政策在包容性方面都存在缺陷。这些政策都考虑到了行人和骑行者的需求，但只有三分之一的政策考虑到了公共交通使用者的出行需求，不到三分之一的政策考虑了老年人的出行需求，分别只有十分之一和六分之一的政策涉及了驾驶者和货运车辆。[2] 一些批评人士还指出，部分地区在实施这些多模式交通政策时存在社区偏见。他们认为这些政策是社区投资计划的催化剂，导致了社区绅士化。[3] 虽然这些批评都来自美国，但他们的书中还提及许多关于健康交通规划的国际案例，这些案例同样突出并迎合了年轻健康的行人和骑行者的需求。健康社区政策还有很长的路要走，需要仔细考虑所有的选择（图 25）。

小型汽车：小型汽车和货车是一种灵活便捷（但乘客容量低）的选择，最适合低密度地区，这些地区空间范围较广，汽车可能是唯一

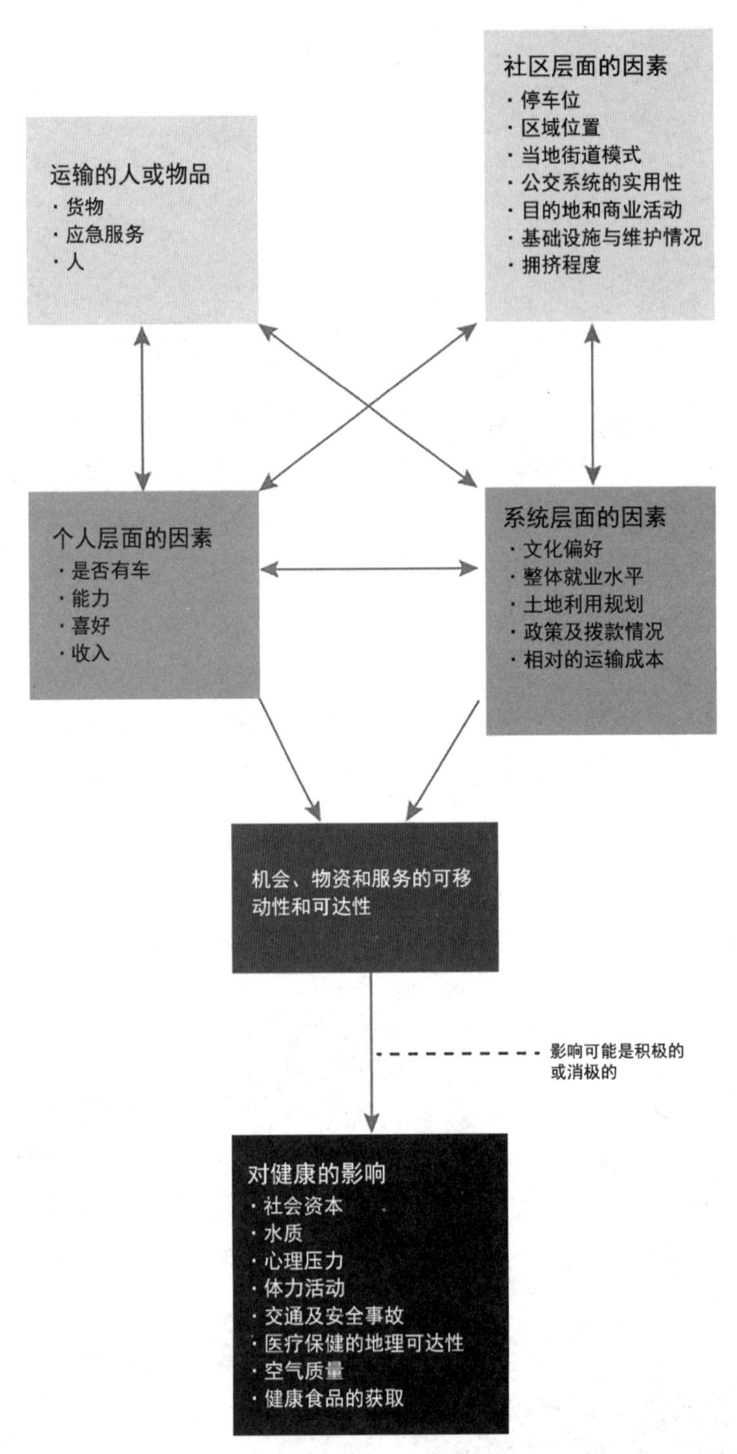

图 24　影响交通方式选择的因素

许多因素会影响人和货物的流动方式，它们对健康的影响可以是积极的，也可以是消极的。在社区层面进行干预很重要，但也必须谨慎。

资料来源：Expanded from Rodrigue et al. 2006；Taylor and Fink 2013

的出行方式。[4] 目前，这种社区规划设计方法存在以下几方面的健康问题：不是所有人都会开车，包括青少年和老年人；汽车尾气排放会导致空气污染等问题（化石燃料的使用是一个更大的问题）；车祸可能造成人员伤亡；道路和停车都会占用宝贵的空间。

诚然，新技术正在影响人们的健康状况。无人驾驶汽车可能会扩展驾驶员的年龄限制，至少对于老年人来说确实如此。电动汽车会减少当地的空气污染，一些新技术可以减少交通事故，共享汽车可以减少个人停车位需求。然而，仍然会有一些人因为年龄、身体虚弱或收入原因不能开车，道路拥堵的问题也会继续存在。就算是共享汽车或无人驾驶汽车也不一定能解决所有问题，因为尽管汽车数量可能会减少，但它们出现在街道上的频率可能会更高（节省停车位，但不会节省道路空间）。为了有真正的交通选择，替代品必须是可用的和有竞争力的：灵活、快速、方便、价格合理。一些限制汽车灵活性的措施，比如拼车专用道、停车限制和速度限制，都可能会鼓励其他出行选择。[5]

公交系统：公交系统，如火车或公共汽车，与小型汽车的速度相当，有更高的乘客容量，但灵活性稍欠缺。[6] 某些地方，共享型的交通方式，如出租车和拼车弥补了公交系统灵活性的缺陷。为了保证经济效益（有一定数量的使用者），公交系统需要将公交站点和线路设置在有一定居住和商业密度的区域，如下面的建议所述（建议 13）。[7] 它需要把重要的目的地联系起来。例如，集中的居民区和办公、商业中心。

步行和骑行（或非机动车交通方式）：步行和骑自行车的速度较慢，而且比汽车或公交系统适用的距离更短，但它们非常灵活。特别是步行，是最大容量的交通方式。几乎每个人

步行对健康有很多好处，但如果不是在人口密集的地区，步行可能是一种缓慢的交通方式

图 25　公共、集体、共享和个人的交通选择

共享交通
个人交通
出租车
骑自行车
共享单车
步行
共享汽车
小型汽车

都在一定程度上采用步行方式，步行所占用的空间也很小。[8] 骑自行车的好处是，相比于步行人们可以在同等时间内去更远的地方，在低密度的环境中可达性更高。

通信技术：邮政、电话和互联网使人们能够在足不出户的情况下获得更多的商品和服务。在许多地区，几乎所有的商品都可以通过网上商店送货上门，这种能力正在不断增强。优步（Uber）、来福车（Lyft）、出租车和班车等汽车服务使得人们可以在家门口就拥有便捷的交通服务。家庭运输量的增加，可能会给居住区的道路网络带来更大的压力，但同时也提供了一个机会：通过优化配置，更高效的物资与服务供给，支持健康和可持续发展战略。[9]

公共交通（如火车或公共汽车）可以与汽车的速度相媲美，并且有更高的容量，但是没有汽车那么灵活

货运和应急服务：城市规划者和决策者在考虑运输网络或“完整街道”政策时，往往忽略了货运和应急服务问题。[10] 货运是必不可少的，它将货物和服务运送到所需的地方，使人们能够及时获取。向社区或中心商业区运送货物，通常会遇到道路拥挤和缺少装卸空间的困扰。[11] 虽然新建公共交通和轨道交通以及减少道路上车辆的方法可能会有助于提高城市货运的流动性（减少拥堵），但其他措施，如增加步行和骑行基础设施，可能会对货运车辆产生负面影响（影响行驶速度）。[12] 如果因为共享汽车数量增加而减少汽车停车位的设置，那么当货运需要停车装卸的时候可能就没有空间了。因此得出的结论是，需要在交通规划中考虑货运，并在整个系统中进行调节。

在适当的地方提供足够的应急服务空间（消防、警察和救护车）很重要，必须确保应急服务车辆能够快速到达目的地。在美国和加拿大，大部分地区获得紧急医疗服务的常规标准是30min，但往往没有明确的依据支持这一标准。[13] 尽端式道路设计限制了应急车辆的通行。[14]

健康效益实证

体力活动

系统性的评估表明，步行或骑行（而不是开车）可能会增加体力活动的总体水平；然而，论据并不确凿，效果也不是特别明显。[15] 尽管如此，提供步行到目的地的机会还是值得做的事，因为它能带来社会、心理和生理上的多重效益。

安全性

根据世界卫生组织数据，步行和骑行者是最容易受到交通伤害或致死的人群[16]，因此需要基础设施和政策来保护他们。交通和土地利用规划的协调、提高道路使用者安全性的政策以及步行和骑行相关基础设施是关键所在。本章后续将进行更为详细的设计策略的探讨。

劣势

交通运输也会带来健康风险，如空气污染、水污染、噪声、交通事故和心理压力等。远程通信方式的增加也会带来健康风险，如它们可能会鼓励久坐并增加心理压力。交通运输所带来的许多负面影响将在其他部分进行讨论，并探讨通过新技术的应用和法规的制定缓解负面影响。

关联

拥有多种获取资源的途径是实现健康公平的关键。更多相关信息请参阅：

- **原则 3. 脆弱性**：规划设计需要考虑那些健康保障最为薄弱、健康资源条件最差的人。
- **建议 10**：规定足够的人口密度，以支持健康生活方式的服务。
- **建议 11**：为步行、骑行和公共交通用户建立相互连接的、“更健康”的交通转换模式。
- **建议 13**：交通规划与土地利用规划、城市设计相协调，以提高效率、可达性和机动性。
- **建议 14**：通过政策制定和规划实践，为所有道路使用者提供安全的社区交通方式选择。
- **建议 15**：确保充足的步行和骑行基础设施以及公共便利设施。
- **建议 16**：创建向公众开放的社区活动空间和项目，支持健康交往和行为。

建议 13：交通规划与土地利用规划、城市设计相协调，以提高效率、可达性和机动性

交通选择取决于建成环境的功能。公共交通需要大量的乘客。

运作机制

将交通与整个社区土地利用和城市设计联系起来，是健康场所营造的一个重点。公共交通是这一图景的重要组成部分。以下是社区层面的几个重要战略：

- **将活动或土地利用与交通选项结合起来**：例如，步行和公交站点区域需要设置在人群活动密集的地方（密度较高的居住区、写字楼、商场）；公共汽车和自行车可以到达更远的地方；轿车、卡车和货车更加适合高度分散的用地模式。
- **开发合理的基础设施**：每一种交通方式都应该将健康放在其考虑的首要位置，配置合适的基础设施，从停车空间到站台空间。
- **优先支持在交通选择上处于劣势的人群**：将公共交通（公共汽车、火车、地铁、轻轨）与便捷的道路、自行车和步行基础设施相结合，连接社区和目的地，从而为年轻人、老年人、行动不便者、低收入人群提供更多出行选择。

公共交通：交通工具箱的关键部分

很多健康环境的建设工作主要集中在如何鼓励步行和骑行上。更大尺度的交通系统规划涉及的关键问题在于机动车客运和货运。介于两者之间的是公共交通和共享交通，固定班次和路线的交通运输方式（如公交车和火车）或更灵活的集体和共享交通服务（表 18）。越来越多的人开始对更灵活的服务感兴趣，但定期运输依然至关重要，原因如下：

- 它可以同时为许多人服务。
- 它鼓励高效利用土地，其较为固定的性质有利于长期投资，这意味着，它将成为更高密度发展的基础设施的一部分。
- 它为那些出于各种原因不能开车的人提供了可靠的选择。

表 18　车辆或线路容量，以及不同交通方式的最大频率

		车辆容量	最高工作频率（a）	线路容量（b）
单位 / 模式		空间 / 一辆车	转运单位 /h	空间 /h
私人的	街道上的汽车	4—6，总共	600—800	720—1050（c）
	高速公路上的汽车	1.2—2.0，可用	1500—2000	1800—2600（c）
街道交通	普通巴士	40—120	60—180	2400—8000
	有轨电车	100—250	60—120	4000—15000
中等速度交通	快速巴士			4000—8000
	公共交通	40—150	60—300（c）	20000（c）
	轻轨交通	110—250	40—60	60—20000
快速交通	快速轨道交通	140—280	80—100	10000—70000
	区域性城际轨道交通	140—210	80—130	8000—60000

注：（a）对于汽车，指的是车道通行能力；对于公交，指的是线路（站）每小时的通行能力（TU/h）；（b）线路容量的值不一定是其组成部分极值的乘积，因为这些极值很少重合；（c）设有多条平行行车道及在车站超车。

资料来源：修改自 Vuchic 2007, 76

没有任何一种政策和干预措施能保证公交系统的客流量和成本效益。[17] 在一个社区行得通的交通方式在另一个社区可能行不通。即便如此，建成环境的以下方面还是会有助于提高公共交通的可行性：

- **就业及居住密度**：就业和居住密度是公共交通运营的“关键性因素”，因为它决定交通系统可达范围的起点和终点。[18] 表 19 根据不同的交通方式和服务频率提供了相应的居住及就业密度建议。
- **中转距离**：由于中转方式和周边环境的差异，乘客能够接受的中转距离也不一样。调查发现，人们愿意从住宅区步行 600—800m 甚至更远到达公交站点。[19] 然而，对孩子们来说，距离是步行去学校或公交站的一个障碍。[20] 骑自行车的人能接受更远的距离，相关研究表明，他们一般能接受 2—10km 的距离。[21]

- **可停车性**：这是对公交客流量影响最大的因素之一。研究发现，停车位数量（比如在中央商务区）与人们使用公共交通意愿负相关。[22] 相比增加公交服务的频率或可达性，提升高需求地区的停车成本可以有效提高公共交通的使用率。[23] 与此相对，在公共交通站点提供更便宜、更方便的停车位，可能会提高客流量，但证据并不确凿。[24]

在更大的范围内，协调、整合土地利用和交通系统是一项长期、耗时的工作，需要大量的跨部门协作。[25] 为了维持公共交通正常运营，需要将其设置在具有一定人口密度，可以产生足够交通需求的社区中（表 19）。[26]

表 19　不同交通方式所适合的居住密度、就业中心规模、服务水平和车站间距

方式	标准车站 / 站间距	服务水平（最低服务水平）	最低居住密度	中央商务区面积（商业 / 办公空间）
普通街道公共汽车 电车	1/8—1/4 英里 0.2—0.4km	20/ 天	4—15 单元 / 英亩 10—37 单元 /hm²	250 万—1000 万平方英尺 23 万—93 万 m²
干线街道公交快车（express bus） 有轨电车	1/5—1/3 英里 0.3—0.5km	120/ 天	3—15 单位 / 英亩 7—37 单位 /hm²	700 万—3500 万平方英尺 65 万—325 万 m²
快速公交系统（BRT） 轻轨（LRT）	1/3—2/3 英里 0.5—1.1km	5 分钟以上 高峰期间隔时间	9* 单位 / 英亩 22 单位 /hm²	2100 万—5000 万平方英尺 195 万—465 万 m²
区域过境 通勤铁路	3/4—3 英里 1.2—4.8km	20/ 天	1—2 单位 / 英亩 2.5—5 单位 /hm²	5000 万—7000 万平方英尺 465 万—650 万 m²
快速运输 重轨	1/3—11/3 英里 0.5—2.1km	5 分钟以上 高峰期间隔时间	12** 单位 / 英亩 29 单位 /hm²	5000 万平方英尺 最大规模城市中心 465+多万 m²

* 对于 25—100 平方英里或 64—260km² 的交通廊道。

** 对于 50—100 平方英里或 130—260km² 的交通廊道。

资料来源：改编自：Chatman et al. 2014, 7–8；Design for Health 2007a, 5；Regional Plan Association 1976；Pushkarev andZupan（1977；1982）；TCRP（1995）

健康效益实证

体力活动

通往车站的路径和与车站的距离，也被证实与 65 岁及以下人群的体力活动有关。对于老年人来说，交通便利、可达性和体力活动之间不一定有关联。[27]

为身体有缺陷的人提供适当的基础设施和支持

每个人在一生中的某个阶段都会遇到生理上的困难：推婴儿车的父母、幼儿、老年人以及那些有感觉、认知或行动障碍的人。这些群体所需的基础设施和支持包括公共交通、车站（例如：无台阶入口、坡道、电梯）、送货上门系统（辅助交通系统）、足够的残疾人停车位和导向系统。[28]

措施

◆ **将公共交通设置在公共活动聚集处的附近和一些可达性差的区域。**

土地开发强度、土地混合利用类型以及发展模式与交通政策和规划相互补充，以提高使用者的安全性和可达性。

◆ **将交通、公共卫生和社会服务重点设置在弱势群体居住地附近。**

完善的公共交通系统会提高土地价格，导致低收入和其他弱势居民流离失所，政策制定者和规划人员应该规划多收入阶层混合居住区，保障经济适用房。[29]

◆ **将公交站点与步行、自行车友好的基础设施和公共便利设施集中设置。**

在车站和站区附近规划便捷的步行和骑行交通网，有助于行人及骑行者使用公共交通工具。[30] 这也强化了不同交通方式之间的衔接。

❖ **确保社区和行政边界的连续性。**

社区交通基础设施，如人行道、自行车道和公共交通等应该从区域的角度来进行规划。与政府机构进行协调，为所有用户提供安全的、连续往返目的地的路径。

关联

公共交通系统的运行与周围的建筑环境有关。要更好地理解此建议，请参考：

- **建议 9**：创建多功能社区，平衡各种活动，促进健康。
- **建议 10**：规定足够的人口密度，以支持健康生活方式的服务。
- **建议 11**：为步行、骑行和公共交通用户建立相互连接的、“更健康”的交通转换模式。
- **原则 5**. 可达性：提供多种出行方式的选择并加强可达性。

相关研究请参阅：

- **建议 14**：通过政策制定和规划实践，为所有道路使用者提供安全的社区交通方式选择。
- **原则 6. 联系**：创造机会让人们以积极的方式互动交流。
- **建议 19**：将人群和基础设施与易受自然灾害影响的区域分隔开，并通过技术或设计提高灾害适应性。

位于公共交通站点的步行和自行车基础设施，如自行车停车场，可以支持自行车与公共交通之间的换乘，扩大公共交通的覆盖范围

建议 14：通过政策制定和规划实践，为所有道路使用者提供安全的社区交通方式选择

道路的设计应服务于所有的使用者，包括行人、骑行者、驾车者和公共交通的乘客，并使各种交通方式既可行又安全。

运作机制

本书主要关注舒适和安全的车行道与步行道设计，其中特别关注弱势使用者，如行人、骑自行车者和骑摩托车者。根据世界卫生组织的数据，2010 年全世界 50% 的交通事故死亡发生在弱势道路使用者身上。[31]

以下几个社区层面的问题很重要：

- 相关政策与规划实践应该将街道视为共享公共空间，并尝试容纳不同人群的多种交通方式联运的出行需求，这可以提高步行、自行车、自驾车、公共交通使用者的安全性和可达性。
- 车辆行驶的速度和道路交通量与司机及其乘客、骑行者（自行车及摩托车）和行人发生事故和受伤风险相关。
- 交通流量可以通过街道设计来进行控制。引入交通稳静化措施，如斜置街道停车位、路缘延伸（缩短过街距离）、人行道拓宽、将单行道改为双行道、增加行道树使人感觉到较窄的街道，或者添加减速弯（弯道或障碍物）。可以通过物理和视觉提示来减缓交通流量，这些提示可以为司机提供安全、适当的行车速度的信息。[32] 请参阅下面的“措施”部分，以获得策略和示例。

健康效益实证

安全，交通速度和流量

车辆以较高车速行驶将大大增加发生交通意外的风险，更容易导致司机和行人的死亡。[33] 较慢的车速可以增加司机对潜在危险（例如行人横过马路）的能见度，并增加对这些危险作出反应的时间。如图 26 所示，车辆速度减慢，行人死亡的风险也会明显降低。

速度和安全之间的关系已有充足的文献支持，但有一些“不太明确的相互作用”使得“研

究人员很难排除速度相关的其他因素对安全的影响……”。例如，司机或行人是否遵守道路法规、交通量和其他使用街道的人。[34] 利特曼（Litman）和菲茨罗伊（Fitzroy）对200个来自世界各地的文献进行回顾，发现了其中的一致性，人均交通距离的增加也与交通事故死亡人数的增加有关。[35] 此外，如果交通速度太慢，则可能造成拥堵，增加当地的空气污染和交通出行时间。

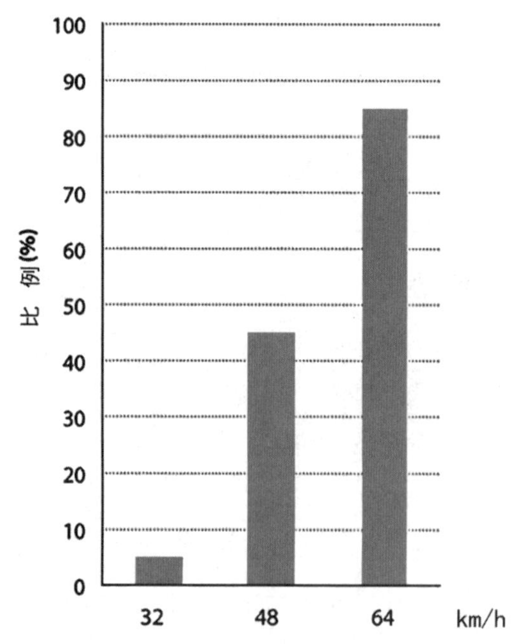

图 26　在不同车速下，因意外而导致行人死亡的概率众所周知，限制车速及实施交通稳静化措施，可对交通及行人安全发挥重要作用。

资料来源：改编自 Donnell et al. 2009,8

安全及交通稳静化

研究表明，交通稳静策略与交通安全性之间呈正相关关系。一项研究分析了来自北欧国家、以色列、希腊、澳大利亚和英国的七个较为详细的交通稳静化规划，结果显示“有积极、证据充分的安全影响，但这些影响似乎与稳静化措施的广泛实施无关”。[36] 一项国际范围的回顾，研究了 28 项改善公共健康状况的交通干预措施有效性的系统性评估，结果表明，在所有被研究的国家中，降低交通流速、阻止非本地交通使用住宅街道的交通稳静措施，平均减少了 15% 的交通事故。[37] 大多数关于交通稳静化的研究都是在发达国家进行的，低收入和中等收入国家需要更多的研究。然而，从逻辑上讲，效果应该是相似的（图 27）。[38]

体力活动

文献综述显示，低交通速度和低交通量与幼儿的体力活动水平密切相关，部分原因是父母允许他们外出，并让孩子在他们认为更安全的地方进行更多的体育活动。然而，对于身体健全的成年人来说，两者之间的关系通常并不一致，一些评论发现了联系，而另一些则没有发现，还有一些则发现了矛盾的结果。有趣的

适当的速度限制

自行车道结合路边停车

路障

行道树靠近道路

人行道拓宽

交叉口路缘延伸

减速带

减速弯

交通环岛或环形路

图 27　各种交通稳静化的措施

是，大多数研究发现，交通速度、交通量和老年人的体力活动之间没有联系。[39]

措施

◆ **设定适合不同街道类型的速度限制。**

较慢的速度可以降低交通碰撞率、减轻严重程度，还可以降低步行和骑行的人受伤的风险。在建筑密集地区、居民区和学校，以及行人和汽车交通混杂的地方，当地街道的限速应较低（30—50km/h）。[40]然而，如果只是进行速度限制，司机可能会不满，应该将它们与后文中讨论的交通稳静化措施相结合，使这些较低的车速限速更容易被人接受。

❖ **提供多种街道停车空间，但它们需要与自行车基础设施之间有所分隔。**

路边停车给司机提供了减速的视觉提示。停泊的车辆也最大限度地保障了行人的安全。但是，在没有缓冲区或自行车道不够宽的情况下，沿街道停车可能会给骑行者带来麻烦。

◆ **采用多种交通稳静化措施，改善快速路的交通问题。**

尤因和邓博（Dumbaugh）2009年回顾了100多篇关于建成环境和交通安全的文章。作者的结论是，在密集的城市地区，“不太‘宽容’的设计处理……与更传统的道路设计相比，似乎提高了道路的安全性能”。[41]这些措施包括拓宽人行道、交叉路口的路缘延伸、减速带、行道树、减速弯等。

关联

交通安全受道路交通事故和道路安全的影响。要更好地理解这个建议，请参考：

- **原则3. 脆弱性**：规划设计需要考虑那些健康保障最为薄弱、健康资源条件最差的人。
- **建议13**：交通规划与土地利用规划、城市设计相协调，以提高效率、可达性和机动性。

相关研究请参阅：

- **建议17**：设计公共场所，减少街头犯罪和居民对犯罪的恐惧。
- **建议19**：将人群和基础设施与易受自然灾害影响的区域分隔开，并通过技术或设计提高灾害适应性。

建议 15：确保充足的步行和骑行基础设施以及公共便利设施

人行道、步道、自行车道以及行人通行权的存在与否和质量影响着人们的安全感，以及人们步行或骑行的意愿。设计是提供安全、便捷且有吸引力的步行和骑行基础设施的一个重要因素。

运作机制

步行和骑行无论其目的是为了休闲还是通行，都能够增加社区居民的交通出行选择和体力活动机会，从而对健康产生积极影响。步行和骑行基础设施是一种相对低成本、具有普遍性的设施，可以通过提高道路使用弱势群体的安全性来支持人们出行及相关活动。这样的基础设施可以与几乎所有类型的现有街道相结合。

要提供足够的基础设施，就需要建立一个步行和骑行的路线网络，设计安全的道路交叉口，并考虑不同年龄和能力的人在一天中不同时间所使用到的设施，包括车道数量、道路宽度以及照明。精心设计的步行便利设施也会使公共空间更加舒适、无障碍、美观和令人愉悦。这些步行设施包括座椅、公共厕所、饮水机、招牌、照明、垃圾桶、公共艺术、树木和植物。

健康效益实证

体力活动

步行基础设计及其美感

虽然步行基础设施及其所带来的美感创造了一个舒适的、赏心悦目的环境，但大量证据表明，它们与体力活动没有显著的关联。虽然一些系统性综述和大规模定性研究表明，高质量的设施及美学特征与体育活动之间存在一定的积极关系，但大多数研究发现两者之间的关系不太明确或没有显著的联系。与交通型步行相比，休闲型步行与美学特征有更多的关联。[42] 但是，从其他方面的健康效益而言，高质量的步行设施及所带来的美感十分重要，例如欣赏大自然可以改善精神健康状况，特别是对于老年人和儿童，因为他们可能需要更多休息和恢复体力的地方。[43]

人行道

相关研究显示，人行道与身体健全的成年人步行行为的关系尚不明确，但仍然有一些研究发现了两者的积极联系。[44] 大量证据表明，人行道对步行上学的孩子很重要[45]，特别是对于那些身体有缺陷的人而言，人行道有利于提高步行可达性和安全性。需要着重考虑步行和骑行基础设施的连接，以避免人行道突然中断，或包含自行车道的共享道路忽然变窄。

行人安全基础设施

其他的行人安全基础设施，如有人行横道和交通信号灯的交叉路口，研究发现对步行前往目的地的儿童很重要。[46] 而对老年人来说，结果尚不明确。[47]

有关骑行的基础设施

对于骑行者来说，有两方面问题：基础设施的可用性及其质量。可用性的一个关键因素是拥有完整的网络，“相关文献一致表明，缺乏骑行基础设施是妨碍人们使用自行车的主要因素之一”。[48]

安全性

人行横道是碰撞事故经常发生的地点[49]，在多车道、较高交通量或较快车速的街道上，人行道可能是危险且难以使用的。在美国，超过 70% 的行人死亡发生在人行横道附近。[50] 但与行人交通事故不同，大多数自行车事故发生在交叉路口，而不是人行横道。[51] 有充分的证据表明，骑行基础设施与骑行者数量及其安全感存在显著关联。[52] 但相关研究并没有确切的依据支持与公路之间有物理分隔的自行车道是否更加安全或更有利于骑行。例如单独设置的自行车道，这类车道在自行车与其他交通工具之间设置障碍物，但需要每隔一段距离设置过街通道或交叉路口，而这些交汇的地方很容易产生与机动车之间的冲突。[53] 一项关于交通基础设施和自行车伤害和碰撞的文献研究发现，与未经改造的道路相比，在道路上设置自行车道标记可以将受伤率、碰撞频率或事故率降低约 50%。[54]

措施

◆ **在道路交叉口或行人过街处设置路标，以及凸起分隔带和人行安全岛。**

步行安全基础设施，特别是街区中段的步

行安全设施，于交通安全有利。[55]但是，如果没有额外的灯光和信号，安全性可能比较有限。[56]

❖ **创建一个由自行车道、分隔路径和受保护交叉口组成的交通网络。**

骑行基础设施是骑行者安全的基础，也是促进自行车运动的基础。但目前还没有明确的证据表明骑行基础设施的终极安全性，包括交叉路口缺乏保护的独立自行车道（图 28）。[57]

◆ **在公共场所提供休息座椅、饮水机和带有无障碍设计的公共卫生间。**

较为合适的设置地点包括人行道沿线、公园、操场、学校、交通站点和车站，以及人行道和自行车道附近。特别是儿童和老年人可以从中受益（图 29）。[58]

❖ **通过策略性地放置垃圾回收容器、公共艺术，以及城市绿化（例如行道树、小花园、屋顶绿化或绿墙）从而美化公共环境。**

虽然关于健康效应的证据尚不明确，但是社区维护和美化项目仍然是有所裨益的。它们可以改造和活化公共空间[59]，塑造人们对安全和社区质量（与社会资本相关）的认知。[60]行道树和绿色空间使城市凉爽、舒适[61]，并有益于心理健康。

关联

步行和骑车对很多人都有好处。要更好地理解这个命题，请参阅：

- **建议 7**：将通用设计原则融入社区规划设计中。
- **建议 11**：为步行、骑行和公共交通用户建立相互连接的、“更健康”的交通转换模式。
- **建议 12**：增加使用附近休闲设施和绿地的机会。
- **建议 14**：通过政策制定和规划实践，为所有道路使用者提供安全的社区交通方式选择。

相关研究请参阅：

- **建议 16**：创建向公众开放的社区活动空间和项目，支持健康交往和行为。
- **建议 17**：设计公共场所，减少街头犯罪和居民对犯罪的恐惧。

图 28 步行与骑行基础设施的示例

座椅

公共厕所

直饮水机

垃圾桶

公共艺术

城市绿化

图 29　步行基础设施

原则 6. 联系：

创造机会让人们以积极的方式互动交流

通过建立公共空间或者社区中心，社区规划与设计可以支持和强化共同兴趣和亲密关系，使社区居民聚集在一起。

社会联系可以增加一个人对社区的归属感和社会支持网络，并以一种非正式方式实现对反社会行为的监管。

运作机制

健康和福祉的基础是建立人们与健康生活所需资源之间的联系。这些联系可以发生在很多地方，甚至跨越空间的界限，从工作场所到网络空间，社区是其中重要的一部分。然而，并不是所有的联系都能促进健康。暴力的关系以及鼓励不健康饮食或吸烟的同龄人群体都是无益于健康的联系。

健康效益实证

社会资本、社会凝聚力和健康——重要的联系

社会资本的多种形式——存在于个人或团体间，能够促进集体行动的社会联系：

- **团体和网络**：个体的集合，以促进和保护人际关系，并增加福祉。
- **信任和团结**：形成更大的凝聚力和更强大的人际关系行为的要素。
- **集体行动与合作**：人们共同努力解决公共问题的能力。
- **社会凝聚力和包容性**：促进边缘化群体的参与，减少冲突风险，促进公平，以获得发展利益的联系。
- **信息与沟通**：改善获取信息的渠道，打破消极社会资本，激活积极社会资本。[1]

这些都涉及信任和互惠（认知型社会资本）、人际网络和参与（结构型社会资本）的感知。社会资本可能包括家庭、朋友和社区之间的紧密联系，以及更加遥远的没有太多共同之处的人与人之间的联系。[2]

鉴于社会关系形式的多样性，研究人员在试图确定其与健康和福祉相关效应之间的关系时，使用了多样的测量方法，测量指标包括对他人的信任、信息传播、社会互动和群体活动的参与等。[3]

现有对健康和社会资本关系的研究，侧重于社会资本与自我评价的身体健康、积极的心理健康和总体生活满意度之间的正向联系（表 20）。相关研究证明，参加社会活动和志愿活动与身心健康和归属感有积极的关系。[4] 社会参与对于老年人健康极其重要。[5] 其他形式的社会资本也与健康有关。例如，罗维（Rowe）和卡恩（Kahn）在一篇发表于 1987 年的文章中就关注到了健康问题，老年人常谈及强大的社会资本对健康的贡献，比如来自家庭、朋友或社区成员的支持。有切实的证据证明，拥有强有力社会支持的老年人，会“死亡率更低，从疾病和伤害中恢复得更快，良好的卫生习惯坚持得更好”（图 30）。[6]

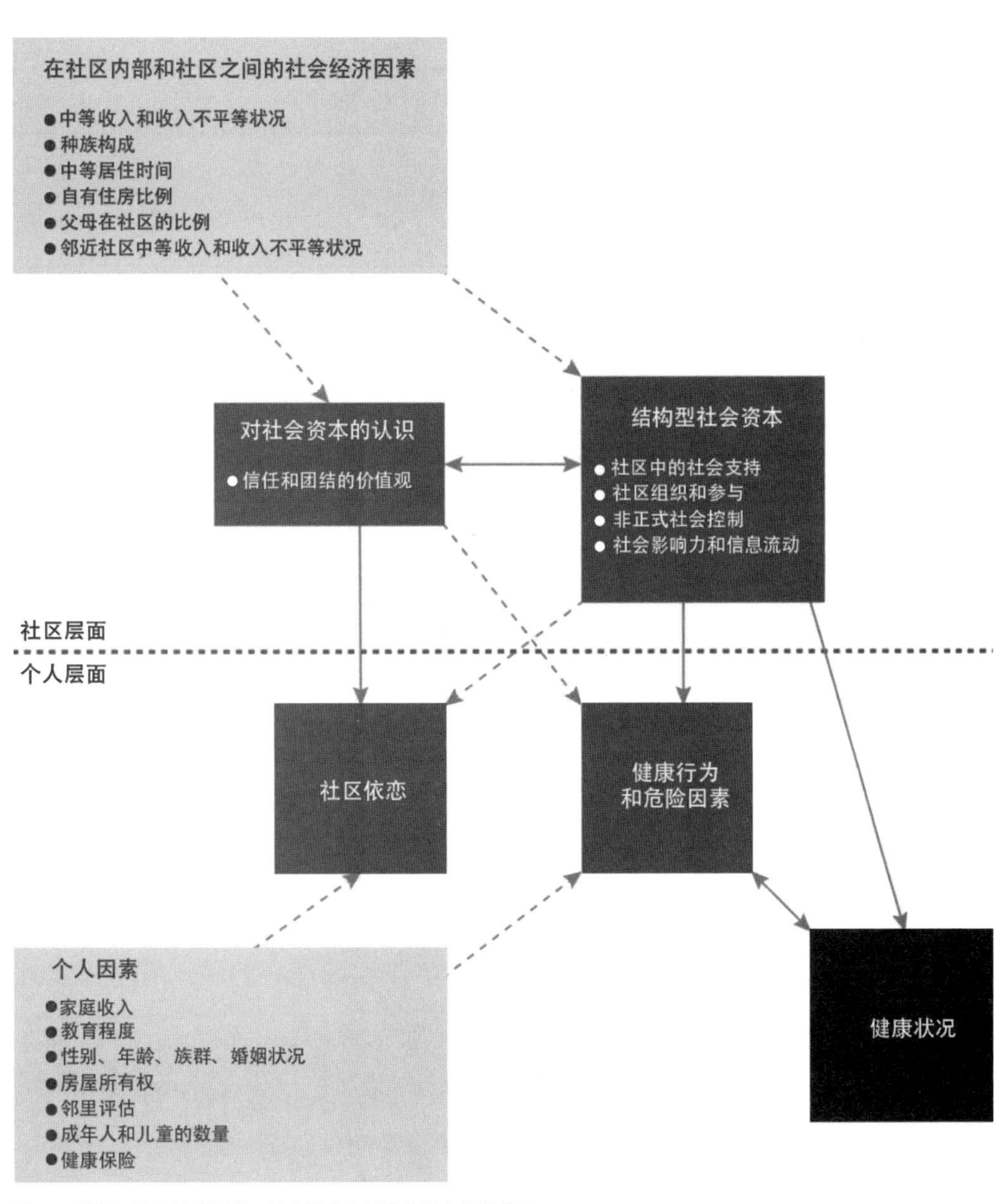

图 30　邻里、社会经济因素、社会资本与健康状况之间的关系

资料来源：改编自 Carpiano 2006, 169；Murayama et al. 2012, 179

表 20　社会资本对健康的积极和消极影响

社会资本的描述	对健康的影响
较高水平的社会支持、亲密关系和人际信任（a）	• 较佳自评健康（身体）（b、c）； • 更好的精神健康，减少精神障碍，舒缓压力（d，e）； • 提高生活满意度和幸福感（f，g）
缺乏社会支持，社会孤立，社会资本低，孤独（h，i，j）	• 被诊断为冠心病的患者心脏和全因死亡率更高（k）； • 孕期抑郁症状风险增加（l）； • 总体而言，抑郁症的风险增加（m）； • 增加老年人的机构化养老比例（l，n）； • 与自我报告的健康状况负相关（b，m，o）； • 心理和生理压力（h）

资料来源：（a）Kim et al. 2006；（b）D' Hombres et al. 2010, 56, 66；（c）Rocco and Suhrcke 2012, 13（d）deSilva et al. 2006；（e）Lofors and Sundquist 2007；（f）Elgar et al. 2011；（g）Ley den et al. 2011；（h）Ellen et al. 2001, 394；（i）Lancaster et al. 2010, 5；（j）Resnick et al. 2011；（k）Barth et al. 2010, 229；（l）Luppa et al. 2009；（m）Murayama et al. 2012, 184；（n）Gao et al. 2012, 2；（o）Kawachi et al. 1999, 1187

该研究表明，在建立促进健康行为（如体力活动或健康饮食）的群体性规范方面，社会资本可以发挥作用，还可提高居民对社区健康资源的认识，或为生病的个体提供康复所需的社会支持。另外，较低水平的社会资本，如缺乏社会支持、孤独或孤立感可能导致负面的健康自我评价，以及生理和心理压力（表 20）。社会关系对健康的影响无法完全明晰，因为其极大程度上取决于个人和社会网络的性质。如前所述，并不是所有的社会网络和规范都对健康行为有所促进，它们可能无所作为，甚至会促进压力或久坐行为，而产生一些负面的健康效应。

社会资本和环境之间的关联尚不明确

建成环境的物理规划和设计是否对社会资本有促进或阻碍作用尚无定论，对步行社区、不同的密度尺度和城市形式的研究得出了较为混杂的结果。也就是说，没有一致的证据表明物质形式与社会资本有关。原因包含以下几个方面：

- 社会资本在本质上是社会性的，而不是物质性的。一般而言，人们可以在不同场所建立联系：在工作场所，在家里，在学校，在宗教团体中，或者其他有共同兴趣的组织中。[8]交流可以是面对面的，也可以是通过邮件、电话或互联网，或者通过公司、体育社团和社区委员会等安排的或协助组织的活动。当然，人们可能会在狗公园偶遇，聊起共同的兴趣，或者在街上遇见参加同一校园聚会的人。然而，这些基于地点的互动只是巨大的互动景观的一部分。

- 即使某种社会联系确实是与某个场所有特定的联系，但从研究的角度来看，很难将文化影响和自我选择从场所效应中分离出来（比如在美国，人们会根据自己的喜好选择居住的社区类型，并且很有可能与那些同样选择了该社区的邻居成为朋友，他们的社会关系可能本身就比较相似）。[9]
- 人们使用空间的方式并不是由设计师决定的，或者说他们的使用模式不仅仅是空间的。例如，有一种观点认为，类似咖啡店这样的场所可以孕育丰富而令人振奋的对话。这种观点也许是对的，比如一个读书俱乐部如果选择在这里聚会，或者这里已经有一些具有社交意识的常客。但是在一个所有人都关注智能手机的地方，情况就不一样了（智能手机可能涉及大量的社交网络，只是与地点无关）。或者再举一个例子，一个热衷园艺的人可能会在她的前院工作时遇到路过的邻居，但是那些将前院交给雇佣的草坪修剪服务的人则不会。虽然这些都是简单的例子，但在其他情况下会更加复杂（表 21）。

我们能做什么？

部分类型的社区和区域尺度的社会联系可以通过良好的规划来实现。包括提供公众参与、非正式聚会、娱乐和体育活动的机会，以

配有户外家具的公共场所可以方便社交聚会

表 21　健康和福祉的影响因素——社会资本可能产生复杂影响

医疗保健机会	• 社会资本可以增加医疗保健的机会，但它取决于社会关系网络的质量和其中成员的规范或信仰（a）
死亡率	• 相关文献发现了社会资本和死亡率之间存在积极影响（b，c）、消极影响（d）和无影响（e）
健康行为	• 对健康行为的影响：社会资本可能增加体力活动，或改善糖尿病控制状况，但对戒烟的影响好坏参半； • 也取决于社区文化、社会规范、非正式的社会控制等（d，f，g，h，i，k）
抵御灾害的能力	• 对热应力缓解有复杂影响；因果关系尚不明确，但最近的证据表明，社会资本可能提供更多的资源来应对灾害（k，l）
减少贫困对健康的影响	• 社会资本可以缓解贫困对健康的一些负面影响（m，n，o，p）； • 但也可能对那些提供社会支持和实际援助的人的健康有害，因为它增加了人们本已较大的生活负担

资料来源：（a）Derose and Varda 2009, 287；（b）Lochner et al. 2003；（c）Martikainen et al. 2003；（d）Murayama et al. 2012, 184；（e）van Hooijdonk et al. 2008；（f）Carpiano 2007；（g）Kim et al. 2006；（h）Long et al. 2010；（i）Meijer et al. 2012, 1204；（j）Poortinga 2006；（k）Kawachi et al. 2013, 183–184；（l）Romero-Lankao et al. 2012；（m）Kawachi et al. 2013, 16；（n）Mitchell and LaGory 2002；（o）Sapag et al. 2008；（p）Uphoff et al. 2013, 9

及围绕共同兴趣的聚集。以下是一些例子：

- **社区组织**：居民协会、社区园艺或其他团体可以成为社区发展的重要组成部分。
- **会议和聚集的空间**：可以提供会议室、社区和老年中心、图书馆、狗公园、操场、社区花园或宽敞的步行道，并配有户外家具（长凳）和便于社交的设施。一些私人的空间，如餐厅、健身房和私人俱乐部也可以提供这些设施。
- **规划交流的空间**：虽然不是具体的物理空间，但空间需要能够容纳在特定时间发生的活动，如社区节日、体育活动和社团聚会。

该部分的主要结论是，不同的场所支持不同的社会联系，产生不同的社会网络。但是，由于社会资本的存在，场所效应可能是微弱的，也可能是不存在的。为了解决这个难题，最好的策略是，如同文中的建议，提供不同类型的环境、机构设置和活动组织。

关联

提高社区内健康资源的可达性并建立与外部资源的联系是关键所在，也是长期的挑战。相关研究请参阅：

- **建议 7**：将通用设计原则融入社区规划设计中。
- **建议 9**：创建多功能社区，平衡各种活动，促进健康。
- **原则 5. 可达性**：提供多种出行方式的选择并加强可达性。

更多信息请参阅：

- **建议 16**：创建向公众开放的社区活动空间和项目，支持健康交往和行为。
- **建议 17**：设计公共场所，减少街头犯罪和居民对犯罪的恐惧。
- **原则 8. 实施**：随着时间的推移协调各种行动措施。

交往空间，如图中的篮球场，可以为团体活动创造机会

建议 16：创建向公众开放的社区活动空间和项目，支持健康交往和行为

社区及其周边区域应该有无障碍的、安全的、维护良好的公共空间，如果人们感兴趣的话，他们可以在其中进行健康的交往和活动。赋予空间使用目的（如图书馆、体育活动场、游戏场地）可以极大地增加其利用率。

运作机制

公共空间是物质景观的重要组成部分，也是人们经常谈论的话题。公共空间可以是公共的或私有的区域，让陌生人可以免费或很低成本进入，并提供参与社会、政治和经济活动的机会。像公园、街头咖啡馆或市民广场这样的空间可能是“泛化的”，这意味着它们没有任何核心吸引力，人们可能会因为相似的日程安排聚集在一起。[10] 操场、狗公园、图书馆和购物区则是另一类公共空间，陌生人可能因为共同的兴趣聚集在一起。[11] 而节庆活动、音乐会、体育赛事、农贸市集等可以带来不同的活动，并在一天中的不同时段使用公共空间，以“提高使用率、安全性和场所感”。[12]

正如原则 6 所指出的，并非所有的社交网络都发生在特定的地方。这并不是说公共空间不重要，通过举办活动或事件，这些场所可以提供一种归属感，并有可能促进心理健康或某种形式的体力活动。[13]

健康效益实证

社会支持和交往通常来自家庭、机构和工作等私人空间中的家人和朋友。拥有共同之处的人更有可能形成社交网络或因为共同兴趣而聚集。[14] 现在越来越多的社会交往是通过个人通信（邮件、电话、电子邮件、视频聊天和社交媒体）进行的。这些技术有可能使场所、健康和社会资本之间的关系进一步复杂化，并有可能稀释它们之间的关系。如原则 6 所述，强大的社会资本与积极的健康结果相关，反之亦然（表 20）。

虽然公共空间和共享空间与健康行为及其结果之间的联系似乎是直观的，但针对性的研究还比较有限。一项关于公共开放空间和体力活动研究的文献综述发现，体力活动的水平因公共空间的距离、规模和质量而有所不同。这

一般性的社交空间（例如公共社区资源、“异质空间”、公共开敞用地）

支持共同兴趣的专类场所（如狗公园、儿童游乐场）

支持社会联系的活动组织和场所营造

图 31　公共空间可以举办各项活动，也可以成为支持社交聚会和交流的泛化空间

些文献综述研究所使用的方法和对于概念的定义有所不同，导致关联性分析的结果也不尽相同。[15] 更为复杂的是，同一类型的公共开放空间可能会对不同的性别、年龄和社会经济群体产生不同的影响。[16] 无论如何，如果完全没有公共空间，仍然会产生一些影响。美国一项针对 436 名年龄在 65 岁以上的老年人的研究发现，那些住在没有公园和步道的社区中的人，比那些住在有公园和步道的社区中的人体力活动或社交活动的水平更低（图 31）。[17]

植根于具体场所的社会团体促进公民参与和社区关系

措施

◇ **考虑不同类型人群的活动需求，例如一天、一周、一年中不同时间的活动需求，使空间灵活性最大化。**

设计可以考虑不同时刻的需求，如街道家具和照明位置的选择，应当鼓励空间使用的多目的性："例如，一个小广场在工作日可以成为一个绝佳的午餐地点，周六上午可以是跳蚤市场，以及重要节日庆典的舞台。"[18]

◆ **为活动空间及其周边区域提供管理和维护。**

公共空间的状况会影响其安全性的感知，垃圾、涂鸦或其他维护不当的地方可能会成为居民使用公共空间的阻碍，而维护良好的功能和设施则显示了对这些场所的监管。[20]

◆ **确保活动空间的可达性方便行人进出。**

公共空间可以通过交通和视线联系建立与周边区域的关系，吸引居民使用。[21] 理想状况下，社区公共绿地应在步行可达范围以内（最佳距离为 400—800m）。[22] 尽可能在公园附近设置公共交通路线，以增加其可达性，这对于不会开车或无法长距离步行的人而言十分重要。[23]

◆ **允许并促进有益于社交和社区关系的场所营造及活动规划，如志愿服务、宗教或社会组织、社区教育或家长教师协会**。

虽然物理空间并无特殊之处，但这种植根于场所的社会团体可以改变社区和场所的使用方式。

◆ **鼓励公众参与社区相关事务**。

政策委员会、社区会议、社区团体和规划工作坊使社区成员能够就他们感兴趣的问题提供意见，有助于培养居民的归属感，能够在自己生活的地方有所作为，从而间接地增强社会资本。[24]

关联

有与他人共处的空间是社区的基本组成部分。要理解此建议，请参阅：

- **原则 3. 脆弱性**：规划设计需要考虑那些健康保障最为薄弱、健康资源条件最差的人。
- **建议 9**：创建多功能社区，平衡各种活动，促进健康。
- **原则 5. 可达性**：提供多种出行方式的选择并加强可达性。
- **建议 15**：确保充足的步行和骑行基础设施以及公共便利设施。
- **原则 6. 联系**：创造机会让人们以积极的方式互动交流。

更多信息请参阅：

- **建议 17**：设计公共场所，减少街头犯罪和居民对犯罪的恐惧。

建议 17：设计公共场所，减少街头犯罪和居民对犯罪的恐惧

设计公共可达的空间以及临近的场地和建筑，提供对公共领域的自然监视，以提高安全性以及安全感。并利用社会关系来提高这种安全感。

运作机制

影响社区（真实的或感知到的）犯罪和暴力、建成环境和健康之间关系的因素很多。[25]虽然犯罪和暴力是由个人实施的，但长期以来人们普遍认为犯罪行为和建成环境是相互影响的。建成环境的特征可以间接减少实际发生和感知到的犯罪行为，这也与一系列的健康问题相关。例如，破坏公物或其他犯罪活动可能更容易发生在废弃或闲置的空间场地、破旧建筑、照明差或行人可达性有限的区域。[26]

设计策略的有效性

部分设计策略试图通过增加自然监视和公共空间的活动来改善社区安全状况，这属于通过环境设计预防犯罪（CPTED）的概念（表 22）。洛伦茨（Lorenc）等人在对 130 多篇关于犯罪和健康相关性和作用机制的论文进行分析，发现相关设计策略可以有效地降低犯罪发生率。[27]就真实发生的犯罪行为而言，有充分的证据表明，照明可以增加自然监视，有计划地照亮黑暗的角落或高风险区域是预防公共空间犯罪和减少犯罪恐惧感的有效策略。[28]韦尔奇（Welch）和法林顿（Farrington）回顾了美国和英国关于照明和犯罪关系的 13 项研究，发现“改善街道照明大大减少了犯罪行为的发生，而且这项措施在英国比在美国更有效”。[29]然而，虽然这些策略通常意味着良好的规划，但尚不清楚这些干预措施的效果如何，以及 CPTED 是否确实有助于减少或防止犯罪的发生。[30]

健康效益实证

犯罪和其他反社会行为（实际的或被感知的）会通过多种方式影响健康：

- 如果某人是暴力犯罪的受害者，那么对其健康的影响就是显而易见的，包括受伤或死亡。
- 社区犯罪和暴力，无论是真实的还是感知

表 22　减少实际发生和感知的犯罪行为的策略

策略	示例
明确的证据	
改善街道照明（a，b）	• 增加或增强黑暗区域的照明
不明确的证据	
划分公共空间和私人空间（CPTED）（c，d）	• 标志 • 栅栏 • 路面养护 • 景观
改善可见度以加强监视（CPTED）（d）	• 照明 • 可以俯瞰街道的窗户 • 低墙 / 栅栏 • 乔木和灌木不过于茂密 • 沿途视线通透
管制通道的入口的限制点（CPTED）（e）	• 减少穿越住宅区的路线 • 看守人员 • 公交车上的防护遮板 • 街道栅栏
活动支持（f）	• 活动的产生 • 步行交通 • 混合使用的社区

注：其他策略，如警报和监控摄像头，不是社区设计和规划策略。

资料来源：（a）Schneider and Kitchen 2007, 199；（b）Welsh and Farrington 2008（c）Politechnico di Milano et al. 2007, 36（d）Cozens et al. 2005, 331–332；（e）Lorenc et al. 2012, 761；（f）Hand et al. 2012, 875

的，都可能导致或加剧抑郁、焦虑、压力、应激障碍，以及其他心理健康问题，尤其是对儿童和老年人。[31]

艾伦（Ellen）等人对健康状态和社区影响之间关系的相关研究进行了回顾，发现强有力的证据表明，社区犯罪或暴力的程度会影响到积极的健康行为和心理健康，并且对出生体重产生微弱影响。有少量证据表明，社区环境对有功能障碍的人（如行动不便或有其他身体疾病的人）的发展存在影响。[32]研究还认为，时间是理解犯罪、健康和场所三者关系的一个关键维度，而应激源则是在所谓“风化”的过程中逐渐累积产生的，研究对此进行了更详细的描述：

> 这表明，社区可能主要通过两种方式影响健康：首先，是通过行为、态度和医疗保健服务而产生的相对短期的影响，这些因素会产生直接和快速健康影响；其次，通过一个长期的“风化”的过程，贫困社区长期积累的压力、较低的环境质量和有限的资源侵蚀了居民的健康，使他们更容易死于某些特定疾病。[33]

福斯特（Foster）和吉尔斯－科尔蒂（Giles-Corti）回顾了41项关于社区犯罪与体力活动水平之间关系的定量研究，发现没有足够的证据能证明犯罪相关的安全问题会影响体力活动的总体水平。[34]但是老年人对犯罪活动的恐惧确实会限制他们的户外体力活动，尽管对妇女、低收入人群和一些少数族裔而言这也是一个问题，但并非十分严重。[35]

安全和社会资本

犯罪与社区关联的一种可能性是通过社会资本建立的。对部分人而言，对社区安全的积极认知与积极的社区意识、归属感和强大的社会资本联系在一起。拥有强大的社会网络和共同价值观的社区可能会对反社会行为有更好的控制。例如，邻居们会感觉自己有义务劝诫年轻人的不文明的行为。[36]更强的社会凝聚力和社会网络可能会增加人们的安全感，增加邻里间或公共机构提供信息或帮助的可能性。[37]

有关安全和社会联系的研究大多是针对单个场地或单个城市进行的，缺乏系统性的综述，难以进行归纳总结。但也有些研究范围较广，例如，达拉戈（Dallago）等人利用世界卫生组织对健康行为的调查，研究来自13个国家的15岁学生对社区的看法，包括场所依恋（人们与特定地方的联系）、社会资本和安全感之间的关系。[38]社会资本通过日常的邻里关系（在街上打招呼）、对周围人的信任以及是否可以获得邻居的帮助来衡量。研究者发现“尽管存在文化和地理上的差异，但社会资本对提高学生的安全感有着重要作用”（图32）。[39]

图 32　减少对犯罪活动恐惧的策略

资料来源：Ramsey et al. 2000；adapted from Steiner and Butler 2007, 274

设计指南中的争议——犯罪与其他健康相关议题之间的冲突

值得注意的是，本书所倡导的一些关于犯罪的规划概念尚存争议。例如，对入室行窃的研究表明，入室行窃行为与较高的街道连通性和渗透性有关，特别是网格式的街道布局使住宅和商业区域完全暴露于外部交通，从而导致更大的风险。[40] 12 项关于犯罪事件的研究表明，混合使用功能的区域比单一使用功能的区域更容易发生犯罪。[41] 但另一方面，步行网络和混合使用区域增加了健康资源的可达性。缜密的规划和设计可以在减少安全隐患的同时保持这些优点。同样重要的是，要认识到许多与建成环境无关的因素同样会影响到犯罪感知和实际发生的犯罪活动，包括社会经济因素、混乱的公共秩序和不文明行为（比如游荡），以及媒体宣传。[42]

盲区和坡度变化存在问题。清晰的视线对于行人的可见性和安全感非常重要

措施

◆ **提供足够的街道照明，增加夜间安全性。**

在公共场所和高危场所，如狭窄的通道、地下空间和夜间的暗巷，设置照明设备以增加可见度和积极监督的可能性。[43]

❖ **划定空间的公共和私人属性以便管理这些空间中的活动。**

标牌、围栏、表面处理和景观美化等设计元素可以划分空间属性，表明所有权和提示非法入侵的风险，这有助于管理空间中发生的活动。[44]

❖ **提高可见度和视线联系，为公共空间创造视觉可见性。**

虽然照明是唯一得到研究支持可以预防犯罪

的环境特征，但清晰的视线也是一项相关特征。[45] 人们能够看到其他人，看到可供选择的路径，这样才能避免发生问题。盲区、坡度变化和与视线同高的植被尤其容易产生问题。[46]

❖ **避免建造将人隔离或困于其中的场所。**

避开陷阱点（可能使人们被困住无法逃脱的地点）和行动预测点（其中只有一条可能的路线，这是危险的，滋事者可以埋伏等待）。[47] 周边适当的活动组织和照明会有所帮助，夜晚仍然使用的单独设置的步道或骑行道要予以特别关注。

❖ **维护公共空间、废弃场地和闲置场地。**

为了显示对特定区域的投资、归属和关注，需要对公共空间进行维护，消除视觉可见的衰退迹象，这样可以阻止实际发生的犯罪和对于犯罪的感知。[48] 还可以防止占用和破坏的行为。[49]

❖ **在一天中的不同时间混合利用场地，以促进多样化的活动。**

将商业、住宅、娱乐用地、自行车和步行道结合设置，可以在一天中产生不同的活动，有利于增加街道的活力和自然监视。[50]

关联

安全感知可以支持健康行为，如增加户外体育或娱乐活动，增加对公共领域的非正式监视。要更好地了解此原则，请参阅：

- **原则 3. 脆弱性**：规划设计需要考虑那些健康保障最为薄弱、健康资源条件最差的人。
- **建议 11**：为步行、骑行和公共交通用户建立相互连接的、“更健康”的交通转换模式。
- **建议 14**：通过政策制定和规划实践，为所有道路使用者提供安全的社区交通方式选择。
- **建议 15**：确保充足的步行和骑行基础设施以及公共便利设施。

NIKE

原则 7. 保护：

综合应用广泛的政策条例以及地方性措施，减少社区层面的有害暴露

为了保护居民免受有害暴露（如有毒物质、灾害、噪声）的影响，社区和区域尺度上的策略需要一种综合的方法，具体取决于所涉及的特定危害、地理或人口规模。许多策略需要跨区域协调，而不是在一个区域采取行动，并可能在若干年内不会产生具体的健康效益。

运作机制

规划师和设计师可以通过从源头上减少危害，使人们远离这些危险，或者通过技术或设计减轻危害，从而在邻里范围内限制有害接触带来的健康风险，无论是有毒物质、灾难性事件还是噪声。

然而，关键是要认识到社区层面上规划和设计干预措施的内在局限性。有两个主要的变量需要考虑。

首先，最大的问题是许多暴露需要在社区或区域尺度以上的层面进行控制（图 33）。商业活动、技术、家庭活动和偏好以及更广泛的规章制度都很重要。例如，室外空气质量可以通过区域和国家的工业和车辆排放法规来改善，室内空气质量可以通过建筑材料和通风法规来改善。合理的街道布局和建筑选址可以在没有风道的情况下解决通风问题，但这种邻里层面的措施只是大蓝图的一部分。在水质、噪声、能源生产对健康的影响（如呼吸问题）以及与气候变化有关的健康问题（如动物和虫媒疾病、洪水和干旱）等方面同样可以采取相应的措施。

其次，暴露会在不同的时间段里影响健康。比如暴露于某些有毒物质或灾难性的风暴中，这种健康风险可能是即时的。另外，危害可能会在一段时间后造成严重的问题，如长期暴露在空气污染或巨大噪声的环境中。健康社区规划的许多方面旨在实现健康效益或培养健康行为，并在短期内限制不健康的接触。然而，即使当下的规划可能很理想，但要到相当遥远的将来才能实现其全部的健康益处。在以下三个领域尤其如此：水质（几十年来改善含水层补给的低影响设计）、新能源（与空气污染和长期气候变化有关的健康）和更好的废物处理系统（对化学品暴露的长期影响）。

接下来的建议并不一定会区分近期和远期的措施。然而，它们确实侧重于在社区层面上可以做的事情，而非其他尺度。

此外，有害暴露对健康的影响和可能的解决办法也大不相同，这取决于具体的危害或事件、对该危害的脆弱性、暴露（接近度、浓度或危害的程度）和时间因素。也就是说，社区是人们日常生活的重要组成部分，在这一层面上采取一些行动有助于在近期和远期降低风险。

健康效益实证

危害的普遍性、它们对健康的影响以及那

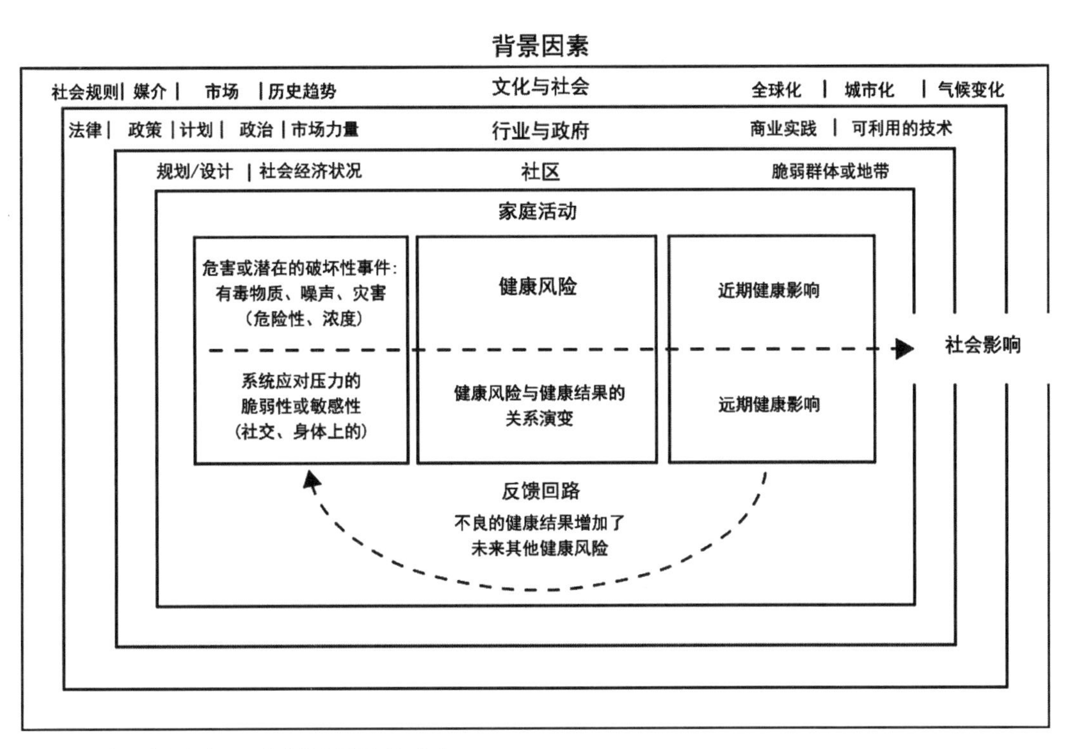

图 33　健康风险与危害源、脆弱性和暴露时间有关

健康风险与近期和远期健康结果之间的关系是复杂的，它可以随着时间的推移而变化，并根据许多影响这些风险大小、脆弱性和暴露程度的背景因素而变化。

资料来源：作者自绘

些最脆弱敏感人群的相关证据表明，虽然有些死亡可归因于有害的接触，但危害也造成大量疾病、残疾和破坏。主要危害包括：

- **污染物和化学品**：有毒化学品，特别是那些造成室内和室外空气污染的化学品，每年造成数百万人死亡。[1] 据估计，受污染的饮用水和恶劣的卫生条件每年导致 170 多万人死亡，尤其是腹泻导致的结果。[2] 通过废物处理和加工接触的化学物质与哮喘、呼吸系统疾病和心脏病、癌症以及低出生体重有关，尽管健康风险因距离和废物管理做法而异（表 23）。[3]

表 23　全球死于空气污染物、化学物质和自然灾害的人口

灾害	每年全球因灾害死亡的人数 / 因灾害死亡人数的百分比（g）
室内空气污染物（2012）（a）	430 万 / 每年死亡人数的 7.8%
室外空气污染物（2012）（b）	370 万 /6.7%
化学品（单一化学品、职业暴露及急性中毒）（2004）（c）	130 万 /2.6%
受污染的饮用水和卫生条件差 / 腹泻（2002）（d）	170 万 /3.4%
自然灾害（2002—2011 年全球年平均）（e）	107000/0.2%
技术灾害（2002—2012 年全球年平均水平）（f）	8735/0.02%

室内空气污染是造成全球死亡的最大环境危害，其次是室外空气污染、其他化学品、受污染的饮用水和恶劣的卫生条件。自然灾害和技术灾害造成的全球死亡在这些灾害造成的全球死亡中所占比例较小，但由于气候变化，这一比例正在上升。

资料来源：（a）WHO 2012；（b）WHO 2014；（c）Prüss-Üstün et al. 2011, 6–7；（d）WHO 2015d；（e）Guha-Sapir et al. 2013, 1, 3；（f）Guha-Sapir et al. 2015；（g）U.S. Census Bureau 2015

- **自然灾害**：自然灾害每年影响数百万人。2002 年至 2011 年，自然灾害平均每年造成超过 10 万人死亡。[4] 自然灾害的发生率正在增加，部分原因是气候变化。[5]
- **技术灾害**：交通、工业和其他事故，如核电站事故和大众通信事故，都属于技术灾害。[6] 2002 年至 2012 年，技术灾害平均每年造成 8000 多人死亡，110 多万人受影响。[7]
- **环境噪声**：最后，环境噪声影响着数百万人的健康和生活质量。例如，世界卫生组织估计，仅在欧洲，"就有三分之一的人在白天感到烦恼，五分之一的人在晚上因为交通噪声而睡眠受影响。"[8] 确定弱势群体可以帮助规划人员决定哪些地区和人群应该优先考虑治理有毒物、噪声和实施减灾措施。

关联

减少暴露通常涉及政策实施或与社区规划设计无关的技术。然而，也有一些与社区和区域相关的问题。要更好地理解这个建议，请参阅：

- **原则 3. 脆弱性**：规划设计需要考虑那些健

康保障最为薄弱、健康资源条件最差的人。

- **原则 4. 布局**：通过社区的整体布局，促进多维度的健康。

要进一步探究，请参阅：

- **建议 18**：从源头上减少污染物和化学物质，通过缓冲、技术或设计等方法将人与有毒物质隔离开来。
- **建议 19**：将人群和基础设施与易受自然灾害影响的区域分隔开，并通过技术或设计提高灾害适应性。
- **建议 20**：从源头上减少接触当地噪声，并通过缓冲、技术或设计等方法将人与噪声隔离。

建议 18：从源头上减少污染物和化学物质，通过缓冲、技术或设计等方法将人与有毒物质隔离开来

防止有毒物质在社区中释放是减少人类接触有害化学品最有效的方法。其他方法包括在住宅、商业、娱乐场所和污染区域之间建立更大的缓冲距离，以及采用更好的技术和设计策略。

运作机制

接触环境毒素——或有毒物质——可导致严重的健康影响，从呼吸道感染到出生缺陷、癌症和死亡。[9] 然而，并非所有的环境有害物都与当地规划和环境设计领域可以控制的问题有关。例如，对于化石燃料、水污染和废物管理，我们能做的很多事情都与社区规划无关。相反，它发生在建筑层面，如能效措施和通风改善，或在政策层面采取法规和财政激励等手段。

健康效益实证

接触有毒化学品与人体健康之间的联系已有大量研究，尤其对特定毒素和污染源的健康风险进行了许多荟萃分析。例如，普吕斯－奥斯丁（Prüss-Üstün）等人对 1990 年至 2009 年间的 95 篇文章进行了荟萃分析，发现“在 2004 年，共有 490 万死亡人口（占总数的 8.3%）和 8600 万人（占总数的 5.7%）的伤残调整生命年（Disability-Adjusted Life Years，DALYs）可归因于环境暴露和对特定化学品的管理问题。”[10]

空气污染

肮脏的化石燃料（石油、汽油、煤炭和天然气）和生物质（木材、木炭、粪便和农作物残渣）是空气污染中发现的主要毒素来源，同时还有温室气体排放。它们对健康有许多影响，包括慢性阻塞性肺病、哮喘、过早死亡、呼吸系统疾病、感染、过敏、由一氧化碳引起的头痛头晕和恶心、含铅燃料对神经系统的影响和肺癌。[11] 社区设计可以通过改善空气循环和扩散模式，优化主要道路、工业及废物排放地点的位置安排，以及植物的配置等手段从而减少现有的空气污染（表 24）。

表 24　社区尺度层面人类毒素暴露的来源和途径

暴露	暴露源	社区和区域污染路径
	社区尺度	
饮用水	饮用受有毒化学物质污染的饮用水，包括工业废水、人类住宅、农业径流、石油和采矿废料或天然来源的污染	草坪径流、污水溢出、当地的工业废料
食物	食用受有毒化学物质污染的食品，包括农业生产、工业生产、环境污染和天然毒素的污染	在受污染的土地进行园艺活动
室外空气	吸入有毒气体和颗粒，包括汽车和工业排放的或自然发生的，如火山爆发或森林火灾排放	汽车尾气、工业生产
土壤	摄入（特别是儿童）或吸入受污染的土壤，包括因工业过程、农业过程或不适当的家务和工业废物管理而受污染的土壤	孩子在受污染的土地里玩耍
	非社区尺度	
人与人之间	胎儿在母亲怀孕期间（通过胎盘）接触有毒化学物质或幼儿通过食用受污染的母乳	*
室内空气	吸入室内释放的污染物，包括燃烧固体燃料、二手烟或从建筑材料和家具中释放的污染物	*
非食品类消费品	摄入、吸入或皮肤接触玩具、珠宝和装饰用品、纺织品、食品容器或消费化学品中含有的有毒化学物质	*
职业暴露	通过吸入、皮肤吸收或工业过程（如农业、矿业或制造业）的有毒化学物质或副产品的二次摄入而造成的慢性或急性暴露	*

* 不在社区范围内（例如，消费品、建筑、工作场所）。

资料来源：Pruss-Ustun 2011，3，修订版，经世界卫生组织欧洲区域办事处 180 批准使用

水污染

城市径流和降水，建筑、工业系统排放的废水以及污水管道的联合溢流往往携带大量污染物。[12] 雨水中重金属含量较高，而废水是有机和氮污染的主要来源。[13] 此外，由于城市地区不透水表面的比例比农村地区大，雨水和暴雨会导致洪水和径流进入下水道、小溪和蓄水池，而不是流入地下。[14]

垃圾的污染

管控不当的废弃物造成许多健康和环境问题。废弃物经常被化学物质、重金属、微生物和粪便所污染。[15] 它能吸引昆虫和啮齿动物并且污染饮用水、食物和土壤。居住在危险废弃物填埋场、垃圾填埋场和旧焚烧炉附近与许多疾病和出生缺陷有关。然而，居住地点离废弃物处理场较近将对健康产生有害影响，这可能取决于这些服务和场址的管理和规范程度，例如，无管控的垃圾场与管控规范的垃圾填埋场或焚烧厂之间的对比。[16] 管控不当的城市废弃物造成的环境污染对孕妇和儿童的健康影响尤其令人关注。[17] 然而，在理想的情况下，只要技术可行，废弃物就可以转化为新能源。[18]

措施

最有效的措施是监管，但社区规划和设计干预措施有助于构建更完善的政策和法规（图 34～图 36；表 25）。

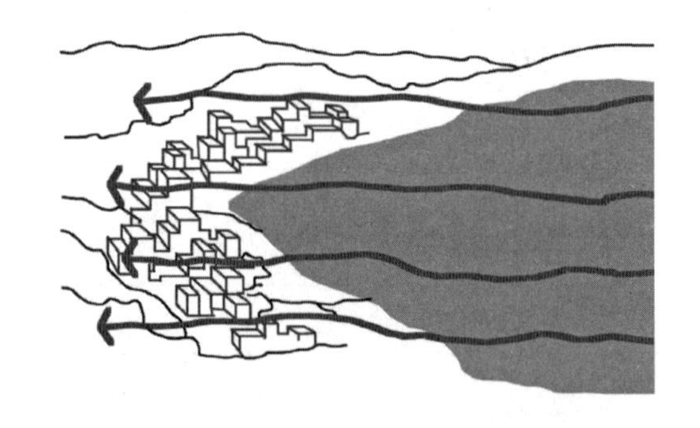

图 34　城市规划设计措施可以促进大气污染物的扩散
这些措施包括开发选址时充分考虑利用自然气流和后退建筑物，以促进空气扩散。
资料来源：改编自 Whinston-Sprin，1986

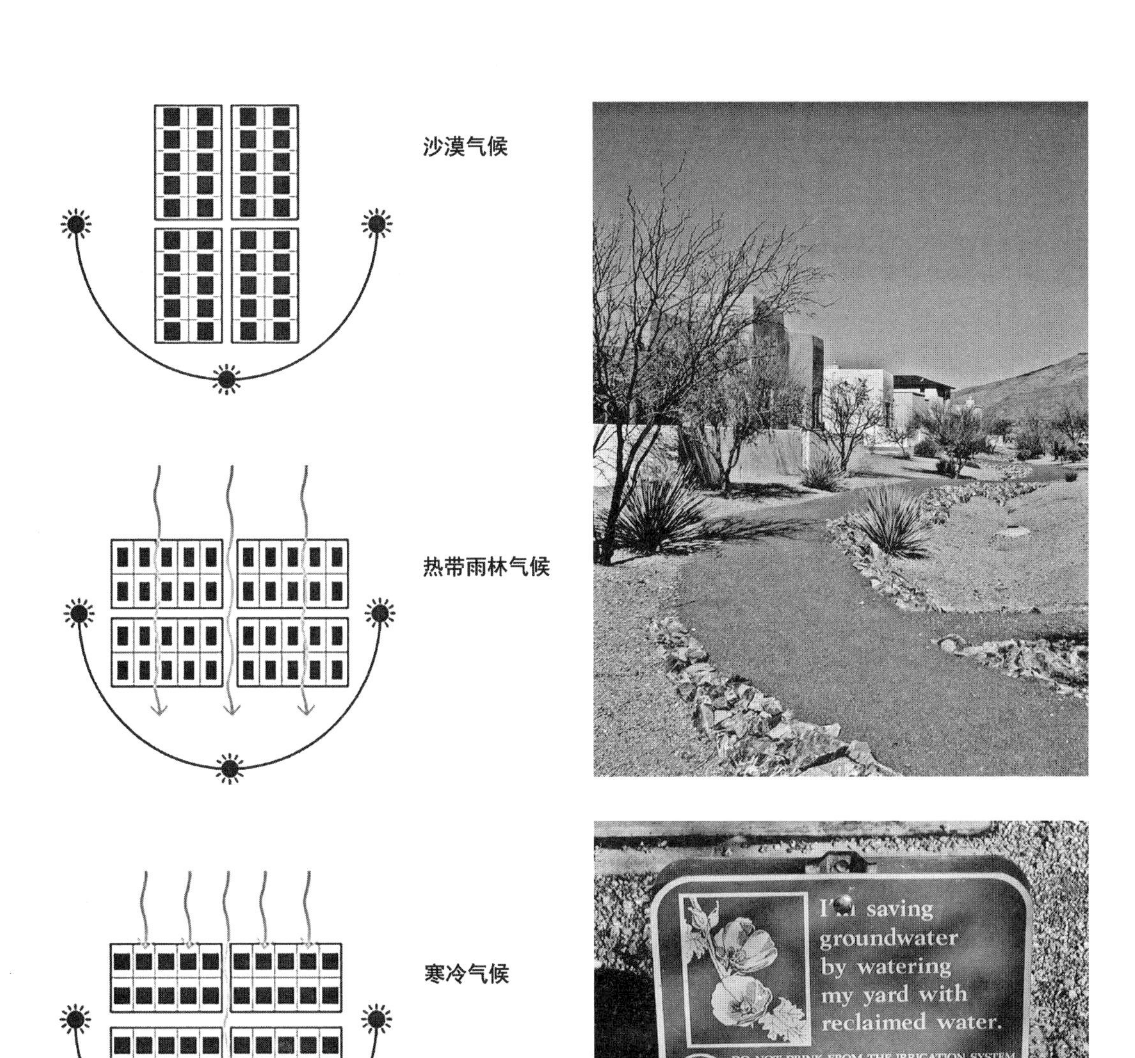

图 35　可再生能源和高效能源利用的街道模式

街道模式和建筑朝向可以利用自然的阳光照射，最大限度地提高采暖和制冷效果。

资料来源：作者自绘

图 36　各种节水技术和绿化方法

上图：节水园林——利用原生植被营造景观；下图：中水回收技术减少了水的使用。

资料来源：作者自摄

表 25　减少危害物带来健康风险的社区层面策略

策略类型	社区或区域的示例
从源头上减少危害	• 利用阳光、阴影和风等规律的街道模式（a）； • 利用树木和植被减少能源使用，促进城市降温（a）； • 通过房屋节能改造和提升能源使用效率而减少煤、石油和天然气为基础的燃料的使用； • 可再生能源（太阳能、风能）、区域能源、智能电网或生态区； • 实施节约用水的政策、技术和园林以减少用水量（b）； • 尽量减少社区废弃物，或再利用、循环利用和堆肥利用（c）； • 利用生物质发电以避免空气质量问题； • 制定促进步行和骑车的交通和停车政策（d）
让人们远离危害	• 划定远离居民的危险土地空间
结合技术或设计	• 集中的公共卫生和下水道系统（将雨水和公共卫生用水分开）（e）； • 水敏性城市设计（过滤污染物）（f）； • 建筑改造，如通风炉具、无毒和低毒建筑材料的使用； •（净化）焚化炉及管理良好的垃圾堆放区（g）

资料来源：（a）Davoudi et al. 2009, 38, 39；Stone et al. 2010, 1427；（b）Bernstein 1997；Dixon et al. 2014；Hilaire et al. 2008；Kentet al. 2006；Postel 1997；Wang 2015；（c）Kemp et al. 2007, 85；Powrie and Dacombe 2006；Seadon 2006；Seadon 2010；U.S. EPA 2002；（d）Reiter and Kockelman 2015；（e）Benova et al. 2014；Dangour et al. 2013；Fink et al. 2011；Hunter et al. 2010；Schwarzenbach et al. 2010, 127；（f）Davis et al. 2009；Schueler 2000；Scholes et al. 2008；（g）Kemp et al. 2007；Powrie and Dacombe 2006；Seadon 2006；Seadon 2010；U.S. EPA 2002

从源头上减少有毒物质和污染物

◆ **引导发展要充分利用阳光和自然通风，以减少能源消耗和相关污染物。**

街道、地段和建筑物的日照、风向和植被覆盖都能极大地影响建筑物的温度、能源使用、温室气体排放以及人类健康和舒适。[19] 因缺水而无法通过树木遮阳的，应采用其他遮阳的形式，如遮阳篷、悬挑屋顶和柱廊。[20]

◆ **使用和推广节水政策、技术和园林以减少用水量。**

有效用水可以减少废水的径流，从而尽量减少有毒物质对地下水的污染，并确保水资源能够自然地得到补充。[21] 社区策略包括节水技术（高效灌溉系统、循环中水、智能计量）、在有限的时间或天数内浇灌草坪和园林，或用水分级定价（高使用率相对高价格）和低用水量的园林（如沙漠气候中的干旱景观）。[22]

◇ **通过公共政策干预和教育活动来减少垃圾，增加再利用、堆肥化和循环利用。**

一个完善的固体垃圾管理计划首先要防止垃圾的产生（减少和再利用），然后再循环利用，将垃圾堆肥化作新的用途，最后通过（清洁的）焚烧炉和设计良好的填埋场安全处置垃圾（表 26）。[23]

让人们远离有毒物质和污染物

❖ **将无法兼容的用途分开。**

将不兼容的土地用途，例如住宅和工业活动分开，可以防止化学品进入河流，也可以让住宅区与污染源分离。表 27 显示了从污染源到居民区的合适距离，以限制接触和健康风险。

表 26　社区层面干预以减少垃圾并增加再利用、堆肥化和循环利用

类别	示例
防止垃圾（减少及循环利用）（a—j）	• 针对社区的需求、困难、动机和规则，为社区试点项目提供资金； • 协调当地活动，如指定社区免费回收点、组织社区或街区庭院售卖（yard sales）； • 将废品经销商、拾荒者纳入有组织或正式的合作社
回收利用及堆肥化（b，f，h）	• 分发堆肥箱、厨房垃圾箱、环保购物袋、建议传单和信息袋； • 在所有公共社区垃圾桶旁边提供回收和堆肥垃圾箱

资料来源：（a）Barr 2007（b）Bass et al. 1991（c）Bulkeley and Gregson 2009（d）Cox et al. 2010, 208（e）Darnton et al. 2006（f）Dixon et al. 2014, 267（g）Ebreo and Vining 2001, 447（h）Kurlan 2006（i）Seadon 2006（j）Seadon 2010

表 27　从有害接触源头到居民区之间可减少负面健康风险的距离

与居住区的距离	场地类型
至少 2km（a）	• 垃圾填埋地
至少 3km（a，b）	• 有毒垃圾站 • 煤炭开采 • 炼油厂
100—500m（c）	• 繁忙的道路和工厂
＞3—5km，取决于人口规模，16—48km（d，e）	• 核电站

资料来源：（a）Porta et al. 2009, 8；（b）Brender et al. 2011, 38, 49；（c）Zhou and Levy 2007, 8；（d）U.S. NRC 2014；（e）Pearlman and Waite 1984, 16–18

采用技术手段减少接触有毒物质和污染物

❖ **在水处理基础设施中将雨水和生活用水分开，并建造雨水沉淀池。**

改善污水处理是预防微生物、寄生虫和毒素引起的健康问题的最重要干预措施之一。[24] 它还可以防止暴雨期间的溢流，并可用于废水（中水）的回收。[25]

◆ **在易受暴雨影响的地区采用水敏性城市设计策略。**

水敏性城市设计策略包括收集径流并让它缓慢地渗入土壤，这个策略具有很强的清除污染物（悬浮物、营养物质、碳氢化合物、重金属）的能力。[26] 措施包括渗透或生物滞留池、雨水花园、人工湿地、透水铺地、渗水坑、渗滤沟渠，将屋顶雨水排入雨水桶、花园或庭院，以及小溪及河流边上的软性河岸缓冲带（图 37）。[27]

关联

接触有毒物质对儿童来说是一个需要认真对待的问题——尽管根据来源不同，许多其他人群也可能受到影响。要更好地理解相关建议，请参阅：

- **原则 3. 脆弱性**：规划设计需要考虑那些健康保障最为薄弱、健康资源条件最差的人。
- **原则 4. 布局**：通过社区的整体布局，促进多维度的健康。
- **建议 9**：创建多功能社区，平衡各种活动，促进健康。

各种各样的设计措施使雨水能够渗入地面

过滤池可以将雨水中大量的污染物去除

图 37　水敏性城市设计实例

建议 19：将人群和基础设施与易受自然灾害影响的区域分隔开，并通过技术或设计提高灾害适应性

人群和基础设施需要与潜在的危险分隔开，并能抵御潜在的危险。因为随着时间的推移，自然灾害和干旱的发生频率会越来越高，靠近不稳定的土壤、海岸线和水系的社区更容易受到自然灾害或干旱的影响。

运作机制

美国对外救灾援助办公室（US Foreign Disaster Assistance，OFDA）和灾难传染病学研究中心（Center for Research on the Epidemiology of Disasters，CRED）确定了五类灾害[28]：

- 自然灾害（包括地震、火山、风暴、洪水、极端气温、干旱或野火）；
- 生物灾害（如流行病、昆虫或动物踩踏）；
- 技术灾害（如核电站事故或大规模通信事故）；
- 经济灾害（如金融系统崩溃）；
- 恐怖主义。

自然灾害是最常见的灾害类型，每年影响数百万人，受洪水、干旱和风暴影响的人数最多。[29] 由于气候变化，极端风暴、洪水和干旱将成为城市规划和设计中一个持续且日益受到关注的问题。[30]

健康效益实证

根据美国对外救灾援助办公室和灾难传染病学研究中心的数据，从 2004 年到 2014 年，全球平均超过一半的受灾是因为洪水，20% 因

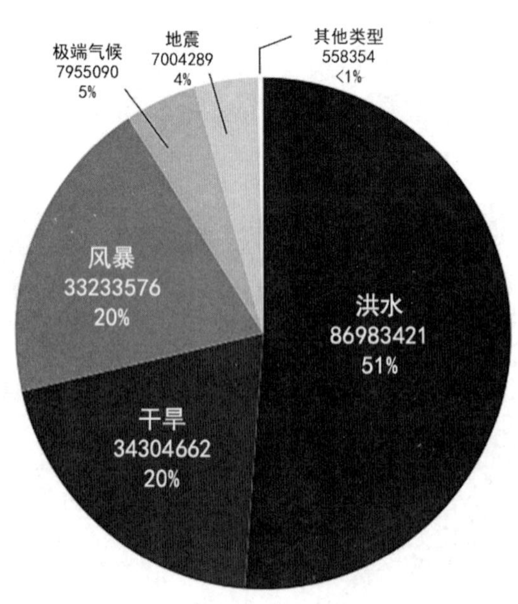

图 38　2004—2014 年，每年受各类自然灾害影响的平均人数
资料来源：EM-DAT International Disaster Database

为干旱，20% 因为风暴（图 38）。灾害受害者的地理分布主要集中在亚洲和非洲，这两个地区合计占全球自然灾害受害者的 95%。[31] 靠近海岸线、水系或地质灾害的正式和非正式发展，增加了面对洪水、风暴、海平面上升、滑坡和不稳定土壤的环境脆弱性。[32] 如图 39 所示，灾害带来的健康风险是直接影响，但也会通过破坏基础设施等事件间接影响。

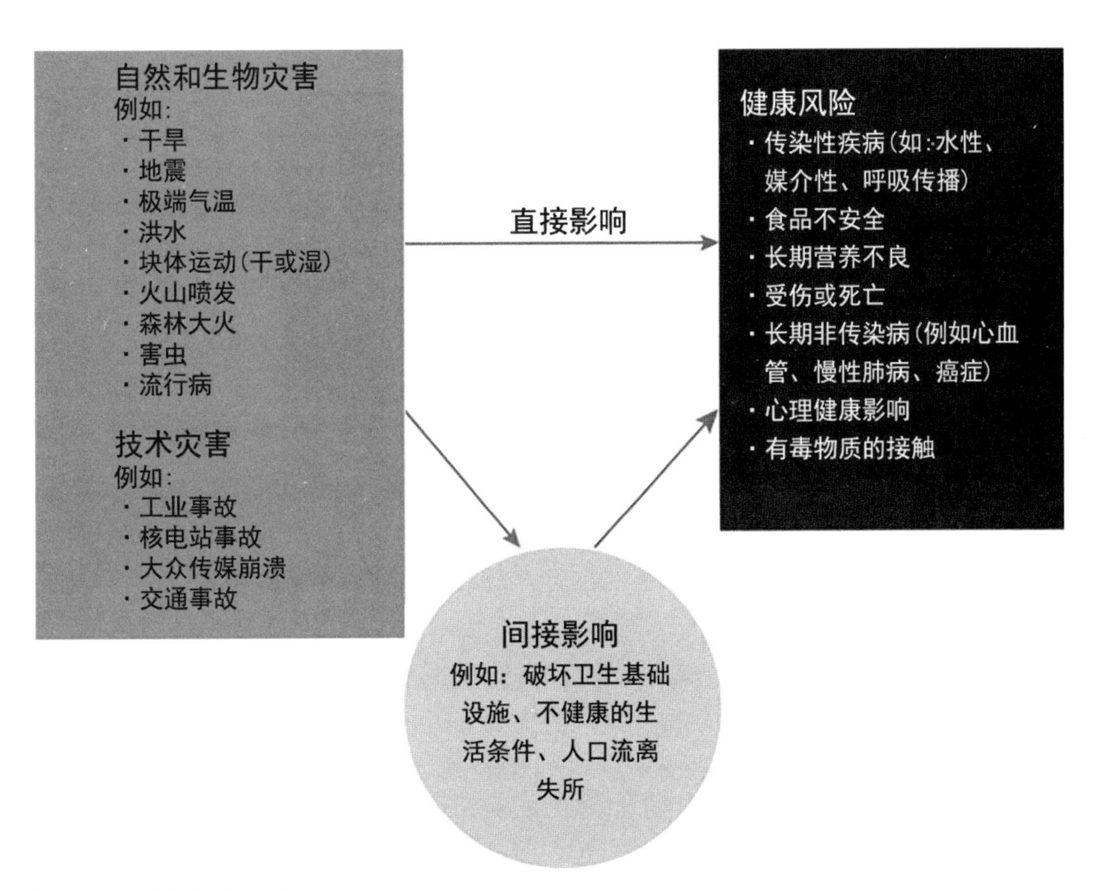

图 39　灾害对健康风险的影响

资料来源：Based on, HAPI 2014m, 5–6; Alderman et al. 2012, 38–45; Bellos et al. 2010, 1; Bhutta et al. 2009, 45; Chaffee 2009, 50; Chan et al. 2009; Coleman 2006; Doocy et al. 2013a, 21; Doocy et al. 2013b; Guha-Sapir et al. 2013; Harville et al. 2010, 68, 84; Kimbrough et al. 2012; Maslow et al. 2012, 1186; McLaughlin et al. 2012, 1222; Norris 2002; Stanke et al. 2012; START 2012; UNSCEAR 2008, 15, 17; Uscher-Pines 2009, 2, 5

城市环境可能特别容易受到自然灾害的影响。

大量人口居住在城市和特大城市意味着可能受到灾害影响的人群更加集中。城市贫困人口的空间分异增加了他们居住在脆弱地区的可能性。[33] 一般来说，妇女和儿童受灾害影响健康后果较为严重，老年人面临溺水、地震死亡和对极端气温（特别是高温）敏感的风险增加。其他弱势群体包括低收入人群和低收入国家人群，慢性病患者以及医疗服务不完善社区（如贫困和农村社区）的人口。[34, 35]

在社区层面，规划可以使发展区域远离潜在的自然灾害。还可以通过水敏性设计帮助缓解干旱或洪水等问题，并利用社区社交网络进行早期预警。

措施（表 28）

让人群远离灾害易发区

◆ **评估来自灾害和其他危害对发展项目和计划造成的潜在健康和环境风险。**

对目前的人口、住房、基础设施、城市气候和脆弱性信息，以及现有或潜在的危害进行清查，以确定那些更容易受到灾害影响的地点和群体。[36]

◆ **在容易发生洪水、海平面上升和严重风暴（如飓风）的地区进行限制开发或迁移。**

法规或房屋搬迁计划可以减少未来的伤害、死亡与破坏，主要是通过阻止居民迁移到易受灾地区或帮助重新安置已经在那里的

表 28　减少自然灾害带来的健康风险的社区尺度策略

让人们远离危险	• 用气候和脆弱性信息来指导城市规划和设计，包括选址（a）； • 限制易受洪水或滑坡等灾害影响的地区开发（b）
与技术或设计结合	• 缓解灾害的景观，例如河道沿岸用作防洪的植被缓冲带，或气候适应性景观（c）； • 提供早期预警系统和风险沟通（d）； • 结合节水效益，如低流量技术和水资源回收； • 利用建筑和施工技术使易受灾害影响地区的建筑更具弹性（e）

资料来源：（a）Godschalk 2003, 140；Romero-Lankao et al. 2012；Rosenthal et al. 2014；Berke and Smith 2009；Kidokoro et al. 2008, 19, 114；Schwab 2011, 49；（b）Berke and Smith 2009；Coppola 2011, 21, 26；Godschalk 2003, 141；（c）Stone et al. 2010；Adger et al. 2005, 1038；Berke and Smith 2009；Wamsler 2014, 130–133；（d）Adger et al. 2005, 1038；Chan et al. 2009, 55；Coppola 2011, 26；Kidokoro et al. 2008, 20；（e）Berke and Smith 2009；Coppola 2011, 21, 26；Kidokoro et al. 2008, 20

居民。[37] 虽然费用昂贵，但随着公共和灾害保险费用的增加，这类项目的数量将会增加。

用技术和设计减轻灾害

❖ **采用环境敏感性景观设计来减轻与水、热和火有关的灾害**。

植被、节水型园林和其他景观技术可以减少来自极端高温、洪水、风、干旱和其他自然灾害的风险。[38]

◆ **通过社区层面的措施，加强预警系统以及决策者与居民之间的风险沟通**。

预警系统可以是“无悔措施”（low-regret measures）[39]，具有低成本和潜在的高收益的特点，以提醒公众注意包括高温事件、洪水、地震或风暴的危险。[40] 虽然未探讨社区层面的应用，但可以做出明确警示以前洪水级别标识类似的工作。

❖ **建造面对自然灾害更具韧性的建筑**。

这可能包括以防御极端高温或低温而选择更好的建筑隔热和材料，收集、储存雨水和地下水应对干旱风险，或加强建筑设计和规章制度，以防御洪水、海平面上升、地震或风暴等风险。[41]

关联

许多地方都容易受到某些类型灾害的影响，但提高它们的抗灾能力会有所帮助，例如让人们在必要时更容易撤离。要更好地理解这方面建议，请参阅：

- **建议 4**：权衡利弊是各种尺度健康规划的基本要求，社区也是如此。
- **建议 11**：为步行、骑行和公共交通用户建立相互连接的、“更健康”的交通转换模式。
- **建议 12**：增加使用附近休闲设施和绿地的机会。
- **原则 5. 可达性**：提供多种出行方式的选择并加强可达性。

建议 20：从源头上减少接触当地噪声，并通过缓冲、技术或设计等方法将人与噪声隔离

规划和设计措施——连同政策、法规和新技术——可以减少环境噪声带来的影响，这在人口稠密的地区尤其重要。

运作机制

环境噪声暴露不是一个危及生命的公共健康问题，但它由于城市化而日益严重。[42] 从某种程度上说，交通、建设、制造、工业活动和大型集会（如音乐会、节日和体育赛事）所产生的环境噪声是城市生活不可分割的一部分。但研究表明，环境噪声会影响整体生活质量（表 29，图 40），规划者应考虑以下影响：

- 在社区尺度上，规划人员可以识别出噪声水平过高的危险区域。
- 鉴于弱势群体对噪声的敏感性，应特别考虑减少儿童和老年人经常出没地区的环境噪

表 29　基于地点、持续时间和噪声水平的环境噪声对健康的影响

特殊环境	健康影响	噪声干扰	
		分贝 dB（A）	时长（h）
室外（a）	烦扰	55＋	16
卧室外的噪声（a，b）	睡眠干扰；次要影响：心理健康影响、受伤风险增加	45—60	8
交通噪声：公路交通、机场噪声（a，b，c，d）	心血管风险、儿童认知和记忆问题	55—75	长期
职业性噪声（d）	高血压、心脏病、增加心脏病发作的风险	80—100	长期
重大事件 / 节日（a）	听力损伤	100＋	4

资料来源：HAPI2014d, 3, citing（a）Berglund et al. 1999；（b）Fritschi et al. 2011, 45；（c）Babisch 2006；（d）van Kempen et al. 2002, 314

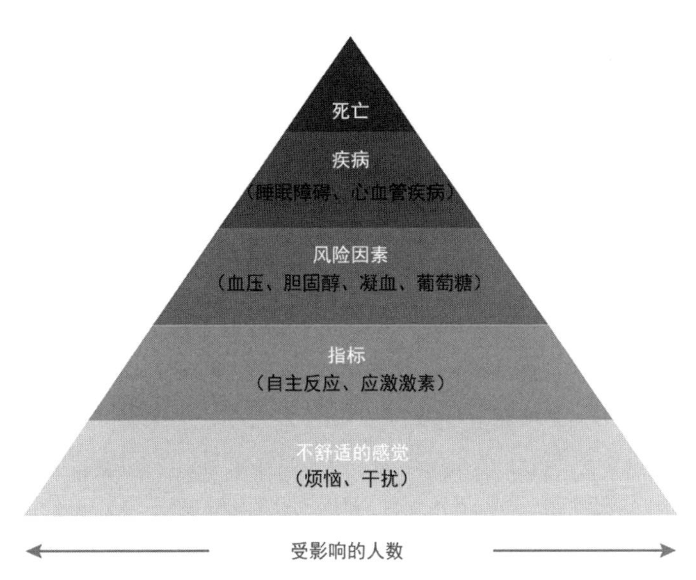

图 40　与环境噪声有关的健康风险

资料来源：Babisch 2002, Fritschi et al. 2011, used with permission of WHO Regional Office for Europe

声，包括学校、游乐场、公园、社区和老年中心、养老院、住宅发展和其他儿童和老年人常去的环境。[43]

- 规划人员可通过关注车辆的交通流量和速度，实施相应的缓解噪声措施。当汽车加速时，会产生更多噪声；而当汽车减速时，噪声变得非常刺耳。
- 规划师和设计师可以通过考虑建筑选址和朝向来缓解居住环境的噪声问题。
- 技术或设计策略考虑阻隔措施，避开噪声源，例如通过建筑物、墙壁和地形起伏（山丘）创建“声影区”，以吸收、传输或反射声音，并迫使声波需要较长的路径进行传播，从而降低可感知的噪声水平。[44]

健康效益实证

当夜间噪声达到 55dB，白天达到 70dB，并且持续时间过长，受噪声影响的健康风险就会更大。表 29 总结了在特定环境下的健康风险。某些年龄群体，主要是儿童和老年人，最容易受到环境噪声影响而带来的健康风险。短期的环境噪声可能损害儿童的认知能力[45]，与其他年龄段相比，老年人更容易因为噪声而造成心血管疾病。[46]降低噪声水平可以带来短期和直接的健康益处。

普遍认为空气和车辆交通产生的环境噪声水平过高与心血管疾病有关。[47]然而，人们对其他环境噪声的影响知之甚少，如铁路，其对心血管影响构成最大风险的持续时间和音量阈值如何，基于性别和年龄的不同健康影响结果如何，以及慢性噪声对儿童的长期影响如何。[48]

由于环境噪声主要集中在城市地区，因此经常与空气污染和其他暴露风险相结合。然而，根据世界卫生组织的说法，“在流行病学研究中，很少考虑噪声、空气污染物和化学品的综合暴露对健康的影响。例如，当人们走在道路上时，就会暴露在噪声和空气污染共存的环境中。”[49]

措施

社区规划和设计措施可以帮助实现更完善的政策和法规（表 30）。

从源头减少噪声

◆ **分析现有的噪声模式，并制定相应的应对措施和计划。**

监测人类接触噪声的情况，并评估现有噪声相关政策的有效性对于了解“声景”和采取最有效的干预措施非常重要。[50]例如，英国环境、食品和农村事务部（England's Department for Environmental Food and Rural Affairs）制作了噪声地图，以便为英国的大型城市、交通服务和工业场所的应对噪声计划提供信息（图 41）。[51]

表 30　减少环境噪声健康风险的社区尺度策略

从源头上减少危害	• 分析现有噪声模式，以制定干预措施和应对计划（a）； • 使用策略来减缓交通和减少汽车噪声（b）
让人们远离危害	• 避免将飞行路线和繁忙的交通安排在居民区附近，反之亦然（c）； • 考虑选址和建筑位置，尽量减少噪声（d）
与技术或设计结合	• 隔音墙（e）； • 消音道路铺地（b）； • 建筑改造（g）

资料来源：（a）Berglund et al. 1999, xviii；（b）Moudon 2009, 170；（c）Daigle 1999, 157；（d）FHWA 2011；（e）Daigle 1999, 137；（f）Dzhambov and Dimitrova 2014, 157；（g）WHO 1999, 77；Murphy and King 2015, 225；FHWA 2011

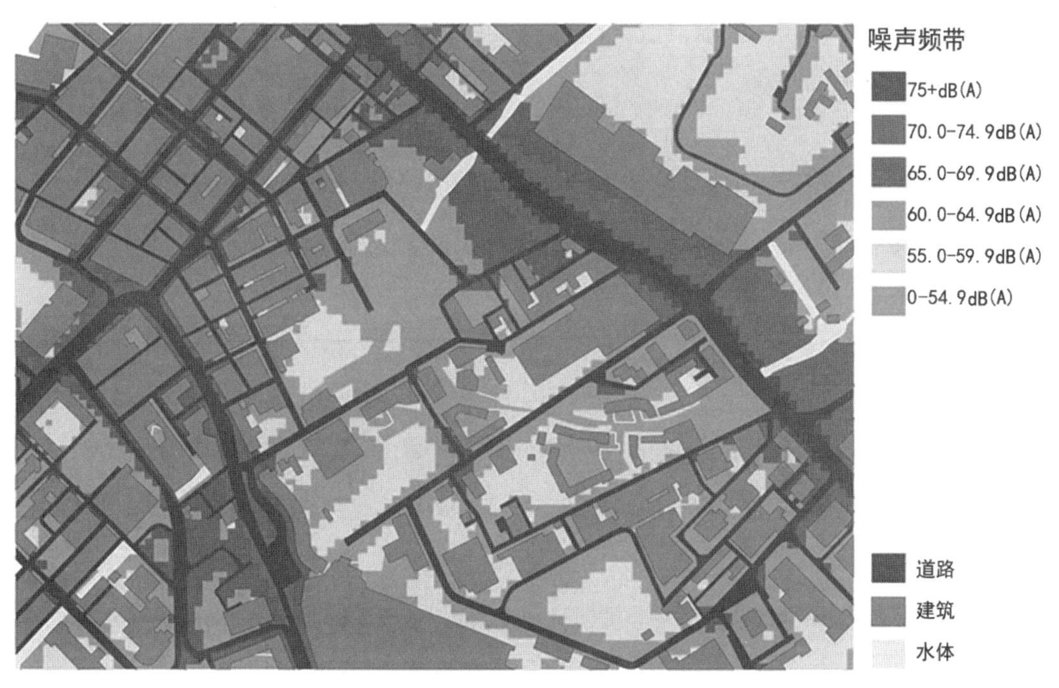

图 41　英国伦敦市中心的道路噪声地图
这张地图上的颜色代表了在伦敦附近传播的环境噪声，以分贝（dB）为单位。紫色和红色（或更暗的）条纹表示更大的噪声量，位于主要道路沿线；橙色、黄色和绿色（浅色）表示较低的噪声量，出现在狭窄的小路和建筑物之间。
资料来源：England's Department for Environmental Food and Rural Affairs（http://services.defra.gov.uk/wps/portal/noise）

◆ **采取策略来减缓交通和减少汽车发出的噪声**。

在噪声敏感地区减低车速，采用"消音"道路铺地，或者对喧闹的活动进行时间限制，都可以减少噪声。[52] 世界卫生组织的文件显示，将卡车的速度从每小时 90km 降至 60km，或者将汽车在混凝土路面上行驶的速度从每小时 140km 降至 100km，可以将最高音量分别降低 5dB 和 4dB。[53]

减少噪声对人的影响

◆ **设置相兼容的土地用途，将噪声源与脆弱群体和地区分开**。

将未开发的土地设定为开放空间或将公路、铁路、机场附近的空地用作轻型工业或商业用途，可以在噪声源和敏感区域如住宅区、学校和医院之间建立屏障。[54]

◆ **考虑选址和建筑位置，尽量减少噪声。**

新开发地块的布局可以通过“利用场地的自然形状和高差”，将噪声影响降到最低。[55]中国香港在这方面做了大量工作（图 42）。

◆ **优化与街道、商业和学校相关的居住区结构布局，以减少居民与环境噪声的接触。**

在建筑物内，房间的布置、开窗、阳台的位置和其他构成，如庭院和阳台可以帮助控制环境噪声。[56]城市绿地和植被可以减少噪声的负面影响。[57]

用技术和设计降低噪声

◆ **在主要道路与敏感的用地之间设置隔音墙或相对连续的建筑物。**

隔音墙——以护堤或土丘、垂直墙或两者结合的形式——是一种能在高速公路、繁忙的公路、铁路甚至机场有效的降噪策略，它平均可以降低声音 5—12dB。[58]

关联

虽然消除环境噪声几乎是不可能的，但可以努力减少不必要噪声的数量和频率，并把人群与噪声源分开。要更好地理解这些建议，请参阅：

- **原则 3. 脆弱性**：规划设计需要考虑那些健康保障最为薄弱、健康资源条件最差的人。
- **建议 9**：创建多功能社区，平衡各种活动，促进健康。
- **建议 10**：规定足够的人口密度，以支持健康生活方式的服务。
- **建议 14**：通过政策制定和规划实践，为所有道路使用者提供安全的社区交通方式选择。

沿着繁忙的道路和高速公路的隔音墙对附近住宅来说可以大大减少噪声

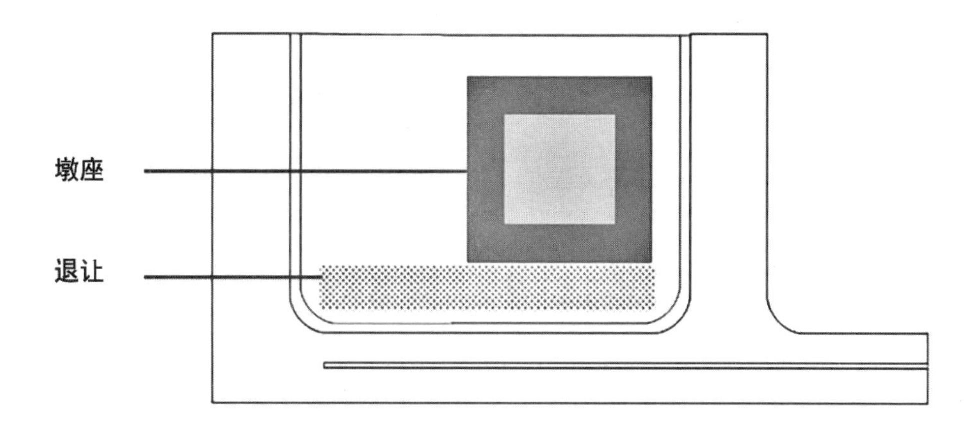

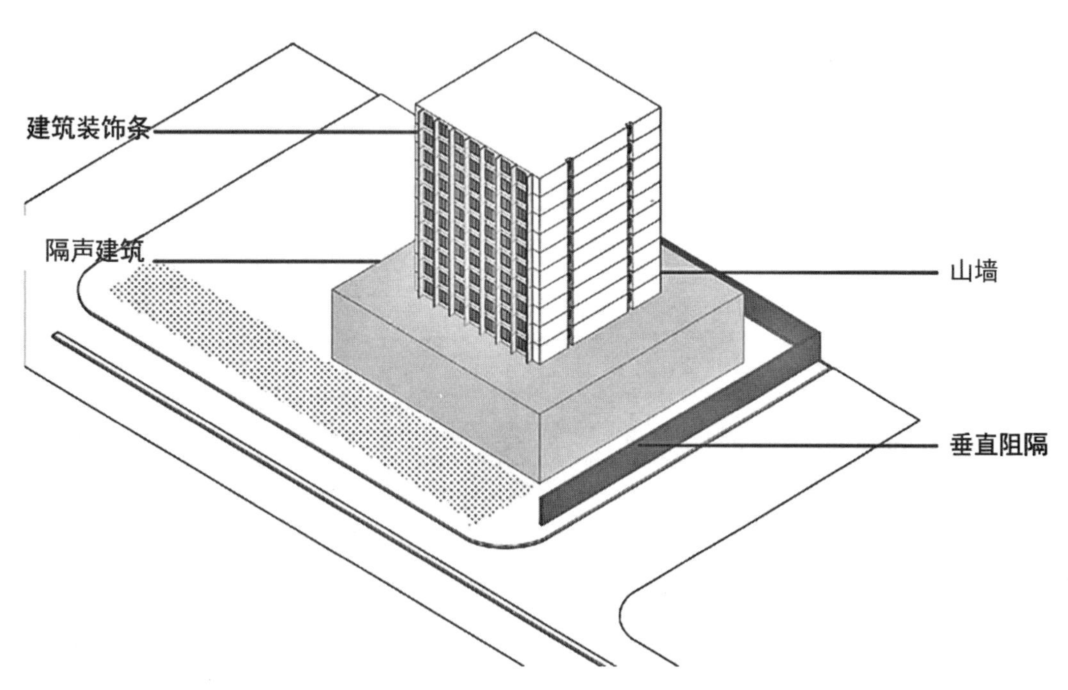

图 42　中国香港一个开发项目中缓解噪声的设计

场地和建筑物的位置以及建筑物的构成特点均可降低来自邻近地区及开发区内的噪声。

资料来源：Adapted from Government of Hong Kong Environmental Protection Department（EPD）2015

TEL.
2·11·33
PIZZA PIAZZA

原则 8. 实施：

随着时间的推移协调各种行动措施

为了推动或防止场所的行为模式、暴露和各种联系发生重大变化，通常需要在同一时间内或随时间发展，将各种措施组合在一起实施（表 31）。

表 31　营造和维护健康社区的措施

措施	示例
建设项目	• 私人建设项目； • 公共部门的基础设施
不同尺度的总体规划（区域、行政区、小范围）	• 地区或街道市政规划
条例、法规、章程和标准	• 土地用途分区条例； • 新开发的控制； • 树木及景观保护
政策、指导方针、绩效标准	• 设计导则
奖励措施和奖金	• 为做正确的事情提供额外的资金。例如，如果开发商能够建设公园和步道就可以开发更多的住房单元
委员会、董事会、审查过程、协会	• 董事会和委员会对场地及相应提案进行审查，提出改进建议，使之更有益于健康
活动规划	• 场地是如何被使用的——从节日庆典到读书俱乐部
造价	• 花费是多少——让有益健康的措施变得更便宜
教育和宣传	• 健康规划设计书籍； • 讨论选择； • 参观现有的健康场所

一些营造健康社区的策略，这些策略可以单独实施或与其他策略相协调。

资料来源：作者编制

运作机制

实施的不同方法

实施是指通过具体的措施完成某事。显然，场所是需要通过物质来构建的，但建筑和景观如何设计、维护和使用通常是一个更复杂的过程。如表 31 所示，项目实施可以采用多种方式，单独或与其他措施相结合。但是使场所更健康的建议和导则有很多，为何它们不能成为一种普遍做法？对于城市尺度的项目，实施通常是一个难题。涉及多方面的问题：

复杂的环境：社区无论是从无到有还是重新开发，都是一系列复杂的物理、经济、社会、监管和生态系统的一部分，这些系统都有其自身的发展轨迹。社区或地区需要成为这些更大的系统的一部分：

- 与本地或区域的交通和通信网络相连接。
- 建造符合规范要求的住房，这些住房可以出售给以后想转售的人，这样有限的住房可以满足更广泛的市场需求。
- 提供开放空间满足娱乐休憩和绿色基础设施需求，并使之成为更大的空间系统的一部分。
- 选择有活力的商业类型。
- 参与从学校、图书馆、社区中心、宗教社区到医院、垃圾收集和警务等不同类型的私人或政府的项目。

这些系统都有其自身的发展轨迹，与其联系的区域或社区可能会从中受益，也可能不会。社区层面的活动有可能会对周边区域产生一些影响，但如果认为这种影响会显著改变更大的系统则是不现实的。巧妙的措施会找到恰当的解决办法，充分发挥其积极的方面，并化解其消极的方面。

多方参与：与小型建筑物不同，它们可能只有一个场地、一个客户、一个设计师和一个建造团队。但大型城市项目或区域规划往往需要多方人员和多个组织共同参与，并为之付出多年时间。但各组织、政府、民营企业和社区团体的性质不同，存在相互竞争的利益联系和分歧，所以协调难度很大。这会影响到进行健康环境改造的意愿。因此，需要建立联盟，确保营造健康场所是相关组织的长期目标。

多维度健康：相比城市尺度，即使是大型的社区项目其规模依然有限，但它却可以影响到不同维度的健康。

通常，健康场所的规模都比较小，或专注于将一件事情做好——因为大规模、全面的项目通常都非常复杂。

健康场所很难兼顾所有人群和不同的维度的健康。在进行健康场所改造时，通常会遇到多方面的问题，需要优先考虑其中的重要问题。这就是为什么一些健康场所的范例通常都是一些较小的场地，或者专注于做好一件事情，因为较大的场地或做全面的工作是非常复杂的。

不同人群，不同影响：人和场所之间的关系也很复杂。那些受教育程度较低、经济资源较少的人往往健康状况较差，因为他们了解或参与健康行为的途径很少，特别是那些复杂或者昂贵，或是两者兼而有之的健康行为。老年人和儿童也面临不同的健康问题和行为限制。所以，即使是居住在同一地点的不同人群，也会产生不同的健康效应。例如，有起伏地形的娱乐设施对于身体健全的人来说可能是极佳的锻炼场所，但这对于需要辅助行走的体弱者来说却没有吸引力。

演变：社区随着时间的推移也会不断产生变化，不同时期可能有不同的健康优势。这意味着在某一时刻的最优计划，在另一时刻可能并不是最合适的。典型的演变过程包括：

- 建筑物和基础设施物理老化，需要再投资（这是一个使其更完善的机会，也可能不是）。
- 人口老龄化和流动性，人口结构的变化。
- 与重建或没有重建相关的经济与人口变化。
- 周围环境的变化。
- 文化和教育改变了人们的生活方式和空间使用方式。

表 32　评估内容清单

问题	评估的注意事项	是	否	可能
社区或地区是否与这些更大的系统相连？	• 本地 / 区域交通和通信网络；	☐	☐	☐
	• 符合规范要求和面向广泛市场的住房；	☐	☐	☐
	• 提供娱乐休憩和绿色基础设施的开放空间系统；	☐	☐	☐
	• 有活力的商业；	☐	☐	☐
	• 政府和非政府的场地及项目	☐	☐	☐
该项目或计划是否优先考虑健康问题，并同时涉及多方面内容？		☐	☐	☐
该项目或计划是否涉及对不同类型人群健康效益的影响（如老年人、低收入成年人、孩子）？		☐	☐	☐
项目或计划是否涉及多方人员和组织协调？	• 政府机构；	☐	☐	☐
	• 私营企业；	☐	☐	☐
	• 社区团体	☐	☐	☐
在进行评估时，是否会随着时间产生如下变化？	• 建筑物和基础设施的物理老化；	☐	☐	☐
	• 人口老龄化和流动性；	☐	☐	☐
	• 与重建或缺乏重建的相关的经济变化与人口变化；	☐	☐	☐
	• 周围环境的变化；	☐	☐	☐
	• 文化和教育变革改变了人们的生活及空间利用方式	☐	☐	☐

健康社区的营造可以采用多种形式，这些方法可以单独实施或与其他方法相协调。此检查列出了需要考虑的关键问题。

资料来源：作者编制

措施

如何营造更健康的场所？系统性的证据主要来自对亚洲、欧洲、美国和澳大利亚一些具体项目的案例研究和历史记录。1 这些文献指出了一些随着时间推进应该采取的措施和关键性要素。

◇ 寻找一个支持者

在一些关键时刻，特别是有所创新的时候，就需要有坚定而有力的支持者，并建立联盟。当一个健康场所项目属于更大规划的一部分，但这个规划却并没有同等地重视健康问题，就需要有人来推动健康议题向前发展。[2] 这并不是指此时需要一个单枪匹马将一切落实到位的英雄，而是需要一个能够推动这一进程向前发展的人，这个人可以是政治上很有影响力，比如市长；也可以是身居要位、有能力倡导健康联盟的人，或者是擅长沟通，可以促进与空间规划和使用相关的多方人士相互合作的人。没有这样的支持者或支持者团队，就难以产生关于健康的呼声。

一个场所应该服务于不止一个群体或一个目的。场所营造涉及土地混合利用、残疾人停车位、出租车站、遮阳棚及座位的设置

◇ 为多个群体做更多的事情。

这一直是本书的主题。营造一个适合多个群体，可以促进多方面健康福祉的场所，对健康而言十分重要。对于实施而言，这一点也同样重要。至少某一时间段内应该尝试突破一个小的单一的领域。例如，郊区化为家庭提供了住房、为建筑工人提供了工作、为社会提供了一种可能性，这个示例就很好地证明了这一点。但这并非意味着特定的环境是不可行的，而是需要看到特定环境更广泛的用途。例如，一个旨在帮助青少年的环境，如社区中心或专门的公园，也可能同时有益于社区节省资金、避免蓄意破坏或帮助减缓青少年异化。

◇ **建立能够长期引导社区发展的机构。**

场所的建设往往需要很长时间。通常一个场所如果能够在多个层面都能运转良好，需要在建造初期投入较高成本进行基础设施（从社区中心到购物中心）建设、持续的维护和适当时候重建。因此一些机构需要着眼长远，承担这些成本。这个机构需要的是一个关心社区发展、着眼大局、能够提供资金支持的实体，如政府、有特定资金来源（如房产评估）的非营利组织，或拥有大量产权的大型开发商。

◇ **制定监督演变和改变的程序。**

场所演变、人口迁移、健康知识的发展，要求我们不断作出改变。但是要在可能产生良好效果的计划与当前需求之间取得平衡，可能会是一个非常棘手的问题。何时会需要弱化？何时会被实现？监督和反馈的过程有助于将注意力集中在那些重要的健康问题上（表 33）。形成性评估或诊断性评估是持续改善的关键。

◇ **成功本身也是需要应对的问题。**

宜人的场所，如一个成功的健康社区，可能会成为其自身成功的牺牲品。一个健康社区可能会因为其较高的吸引力而变得更加昂贵。真正的健康社区应当有适当的机制减少这些负面结果，比如，提供大量永久性的经济适用房。

◇ **实施一些速效策略，推进工作并建立联系。**

让社区变得更健康的多方面计划，有很多灵活的部分，需要采取一系列的措施。有些措施会明显更加重要，因为它们实现的是重要目标；还有一些是阶段性的措施，需要与特定时期、其他组织等进行协调。但无论优先事项是什么，重要的是至少要取得一些速效的成果或达成一些容易实现的目标。这样可以借助前期的成果获得更多的支持和盟友。同时这些成果可以形成有利于推进的势头，且不需要付出高昂的代价。对于一个已经存在的场地而言，这可能包括开始以新的方式使用公共空间或张贴简单标识等。而对于一项提案而言，可能需要建立合作关系并采取一些初步行动。

表 33　评估类型和潜在的数据来源

类型	定义	示例数据来源
评估整个流程		
过程评估	它是如何进行的？	• 事件日志——何时、何人发生了何事； • 调查——行为、满意度； • 对关键参与者的采访
效益评估	阶段性的成果，如报告和修改后的决定	• 档案记录 / 文件分析，例如报告、会议记录等； • 对关键参与者的采访
评估各种结果		
基本效益评估	对社区和个人的长期及非预期的影响	• 行为与环境观察； • 调查行为、满意度； • 对关键参与者的采访； • 指标和标准（下文）
目标达成情况	多大程度上实现了目标	• 档案记录 / 分析文件，如确定目标的报告； • 从其他类型评估的结果中评价目标完成情况
同行评审	它的流程是否标准	• 同行专家组 / 蓝带委员会审查
利益相关者评估	关键参与者的满意程度	• 满意度调查； • 对关键参与者的采访； • 参与式评估研讨会，如确定优势、劣势、机会和威胁（SWOT），小组访谈； • 参与式观察活动，如社区参观，现场观察
标准	根据指标和标准进行评估	• 根据现有数据，如人口普查、财产记录等，为社区提供技术指标； • 来自更广泛的市 / 县 / 地区层面的技术指标，如定期收集健康指标； • 来自地方参与的参与性指标； • 国家对水质和空气质量法规等标准； • 与类似地域的比较，例如公园的设施和可达性

这个框架是一份便捷的指南，提供了关键数据来源及获取方法，可用于审查和评估一些复杂议题。但应当指出的是，这个框架在社区层面上的健康统计数据很少，所以社区层面的评估通常依赖于其他类型的信息。

资料来源：改编自 Forsyth et al. 2010b; University of Kansas 2015b

关联

健康场所的营造需要花费时间并采用不同的方法，为了更好地理解此建议，请参阅：

- **原则 2. 权衡**：通过权衡物理环境变化和其他干预措施来营造更健康的场所，从而吸引不同类型的人。
- **建议 4**：权衡利弊是各种尺度健康规划的基本要求，社区也是如此。
- **建议 5**：健康社区没有理想的尺度，但不同维度的健康涉及不同的尺度。
- **原则 3. 脆弱性**：规划设计需要考虑那些健康保障最为薄弱、健康资源条件最差的人。

从长远来看，社区项目或计划的实施需要很多人和组织的投入。在短期内，通过建立联盟的方式，使健康场所营造成为大家共同的长期目标，这一点至关重要

结论

制定一项长期的计划，并想象它已经最终完成，似乎是很诱人的。但是制定计划只是健康场所营造漫长过程的开始。

世界上大多数受人喜爱的场所都经历过多次改建、拆除和重建。

运作机制

计划需要逐步实施，不仅需要关注短期的成效，也要考虑更加困难的长期的项目、各种合作及计划：

- **有些活动开发需要等待时机**。分阶段进行是很重要的。正如大多数建筑施工需要先修建道路系统。社区或区域中心在初始阶段可能是比较低密度发展的，但当周边人口密度提高，就需要加入更多的活动内容。
- **从零开始营造一个让人感觉丰富和真实的场所是非常困难的**。世界上大多数受人喜爱的场所都会经历过多次改建、拆除和重建。
- **发展本身也在随着时间而变化**。物理场所即使一开始建造得很好，也需要维护和改造。人口结构会发生改变，区域环境也会发生改变，对理想场所的标准也会因为文化的变迁和知识的发展而产生变化。
- **变化的世界**。技术革新或区域基础设施的变化，可能会改变人交流和交往方式。未来几年内，人们在如何使用场所方面可能会发生许多变化，这也将影响健康社区的营造。
- **主要的健康问题可能会改变**。一个最初旨在减少污染物暴露而营造的场所，现在却被赋予了全新的使命，而不仅仅是健康行为问题。

虽然人们希望能够制定一个关于未来五十年的美好愿景，并防止有人会目光短浅违背这一计划，这听起来可能十分诱人，但实际上是难以实现的。

一个场所如何才能足够灵活地应对时间变迁？可以考虑以下几个方面：

- **要用发展的眼光进行设计**。一些购物中心的业主就设计了预留的方案，比如停车场规划要考虑到未来可能被重新开发为街区或街道。后期，还可能填充住房和公共空间。
- **不要过度设计，也不要切断日后再开发和再利用的可能性**。过度设计可能会产生较高的吸引力，但却很难进行优化和更新。另一方面比较讽刺的是，空间过于灵活也会使它们难以被再利用，比如不考虑隐私的大型开放式办公室。

- **确保场所可以适用于多个群体**。这有助于支持健康场所理念。
- **除了考虑物理空间，还需考虑随时间变化的建造与使用过程**。监管和反馈过程有利于不断进行调整。

因此，营造健康社区是一个复杂的过程。但这一过程十分重要，不仅因为健康是提高生活质量的关键，营造一个健康的场所还可以带来更多的效益。同样重要的是，社区是城市的重要组成部分和日常生活体验的场所。从长远来看，创建良好的社区对建设宜居的城镇和城市大有裨益。

营造一个健康场所是一个复杂的过程。为多个群体规划和设计场所是一项重要的步骤

附录 A：措施清单 *

原则 1. 重要性：评估场地的健康状况

建议 1：是否有考虑健康问题的充分理由。

◇ 收集多源信息，特别是对于那些存在争议和不同观点的问题（参见表 3）。

◇ 如果有任何与健康相关的开放性问题，包括重大或不可逆的改变、大尺度场地或大规模人口，现有对健康问题的关注以及考虑对弱势群体的不同影响，请继续阅读本书（参见表 2）。

◇ 如果没有改变的可能性，那么就需要谨慎地向前推进。

建议 2：确定与社区相关的健康问题初步清单。

◇ 列出初步的健康问题清单，在关注重点问题和了解要素显著关联之间取得平衡（参见表 5）。

◇ 考虑对不同人口亚群体（如儿童、老年人、低收入者、已存在健康问题的人以及在其他方面被边缘化的人）的潜在影响（参见表 10）。

◇ 在通过数字化指标来辅助审查的同时也要进行定性评估，如听取居民和专业人士的意见等。

建议 3：明确是否有人关心健康问题。

◇ 通过确定调查对象，了解他们在评估中的角色和所拥有的资源，并通过潜在的关联来确定利益相关者（参见表 7）。

◇ 在充分考虑时间的前提下，让更多的人参与到项目中来，利用他们的专长，并鼓励为有需要的地方提出解决方案并共享有其所有权。

◇ 确定哪些策略能够提供多种健康效益（例如，体力活动的机会和公园带来的心理健康效益），为获得更多的支持，使其至少对一个群体有帮助。

原则 2. 权衡：通过权衡物理环境变化和其他干预措施来营造更健康的场所，从而吸引不同类型的人

建议 4：权衡利弊是各种尺度健康规划的基本要求，社区也是如此。

◇ 设计和规划健康社区通常会涉及多种需求和目标。

◇ 对健康权衡进行系统认识并给予优先考虑（参见表 8）。

◇ 找到除规划和设计之外可以有益于促进更健康环境的措施，减少规划设计途径的不足之处。

建议 5：健康社区没有理想的尺度，但不同维度的健康涉及不同的尺度。

◇ 考虑规划和设计方案是如何被社区尺度以外的因素所限定的。

◇ 关注与社区尺度相当的优秀规划和设计案例。

原则 3. 脆弱性：规划设计需要考虑那些健康保障最为薄弱、健康资源条件最差的人

建议 6：创造多种住房条件，推动社区内的住房选择。

❖ 采取全生命历程办法来创建一个住房组合

---

* ◆ 来源于实证研究；❖ 受研究启发；◇ 较好的实践做法。

（例如不同的建筑类型，通用的设计特征）。

◆ 提供高质量的住房（参见表 12）。

◆ 还需要制定规模和密度以外的其他策略来保护人们的负担能力，特别是在高成本地区（参见表 11）。

建议 7：将通用设计原则融入社区规划设计中。

◇ 将通用设计的核心原则作为检查社区规划、设计和再开发项目的标准（参见表 13 和表 14）。

建议 8：增加选择、获取和接触高品质、多样化和健康食物的机会，尤其是在低收入地区。

❖ 制定灵活的社区规划，以适应地理上的变化和不断发展的食品零售环境。

◆ 重点在于提供廉价的健康食品来源。

◇ 将大多数食品店设置在人们可以步行、骑行和乘公共交通到达的地方。

◇ 便利店、饭店、食品摊贩或公共市场等食品零售和餐饮场所的选址需要谨慎，同时要考虑公共交通可达性和商业可行性。

◇ 利用与食物相关的活动带来营养之外的健康益处（例如社区花园，购买本地特产）。

原则 4. 布局：通过社区的整体布局，促进多维度的健康

建议 9：创建多功能社区，平衡各种活动，促进健康。

❖ 在社区或区域中对合适的日常活动进行混合搭配。

◇ 仔细考虑具体的功能，包括如何在空间上混合这些功能，以及区域内是否存在有效的功能组团（参见图 17）。

◆ 识别需要特殊处理，可能存在问题的功能（例如搬迁或缓冲，后文将对此进行解释）（参见表 27）。

建议 10：规定足够的人口密度，以支持健康生活方式的服务。

◆ 保持一定的人口数量，以支持步行、骑行或公共交通距离范围内的日常服务（参见表 19）。

◆ 关爱儿童、老年人和无车人士，确保社区和区域中有可以成为活动和交通焦点的中心，同时避免交通拥堵。

◆ 在高密度区域降低噪声和空气污染，并提供绿色空间，以支持体力活动和心理健康。

建议 11：为步行、骑行和公共交通用户建立相互连接的、“更健康”的交通转换模式。

◆ 提供多种路线选择，鼓励步行和骑自行车出行（参见图 22）。

◆ 在可能的情况下，用自行车道和步道将尽端路以及目的地连接起来。

❖ 尽量缩短目的地之间的距离，以避免非机动交通处于不利。

❖ 以不同方式处理每一种可能的模式，以推进更加健康的交通模式（参见表 16）。

建议 12：增加使用附近休闲设施和绿地的机会。

◆ 规划具有不同功能和面向不同使用者的空间网络，以实现不同的甚至多重的健康效益（参见表 17）。

◆ 让潜在的使用者与这些场所形成物理上或视觉上的联系，尤其是那些健康保障薄弱的

人和可能使用这些场所的人（如年轻人和老年人）。

◆ 将这些场所联系在一起，使人可以在其间穿行，成为锻炼和休闲过程的一部分。

◆ 规划场所以满足多种用途，并减少问题冲突。

◆ 对建筑附近的绿地进行规划，以提高心理健康水平、改善认知能力、缓解压力和促进更好的疗愈效果。

原则 5. 可达性：提供多种出行方式的选择和加强可达性

建议 13：交通规划与土地利用规划、城市设计相协调，以提高效率、可达性和机动性。

◆ 将公共交通设置在公共活动聚集处的附近和一些可达性差的区域（参见表 19）。

◆ 将交通、公共卫生和社会服务重点设置在弱势群体居住地附近。

◆ 将公交站点与步行、自行车友好的基础设施和公共便利设施集中设置。

❖ 确保社区和行政边界的连续性。

建议 14：通过政策制定和规划实践，为所有道路使用者提供安全的社区交通方式选择。

◆ 设定适合不同街道类型的速度限制。

❖ 提供多种街道停车空间，但它们需要与自行车基础设施之间有所分隔。

◆ 采用多种交通稳静化措施，改善快速路的交通问题（参见表 27）。

建议 15：确保充足的步行和骑行基础设施以及公共便利设施。

◆ 在道路交叉口或行人过街处设置路标，以及凸起分隔带和人行安全岛。

❖ 创建一个由自行车道、分隔路径和受保护交叉口组成的交通网络。

◆ 在公共场所提供休息座椅、饮水机和带有无障碍设计的公共卫生间。

❖ 通过策略性地放置垃圾回收容器、公共艺术，以及城市绿化（例如行道树、小花园、屋顶绿化或绿墙），从而美化公共环境。

原则 6. 联系：创造机会让人们以积极的方式互动交流

建议 16：创建向公众开放的社区活动空间和项目，支持健康交往和行为。

◇ 考虑不同类型人群的活动需求，例如一天、一周、一年中不同时间的活动需求，使空间灵活性最大化。

◆ 为活动空间及其周边区域提供管理和维护。

◆ 确保活动空间的可达性方便行人进出。

◆ 允许并促进有益于社交和社区关系的场所营造及活动规划，如志愿服务、宗教或社会组织、社区教育或家长教师协会。

◆ 鼓励公众参与社区相关事务。

建议 17：设计公共场所，减少街头犯罪和居民对犯罪的恐惧。

◆ 提供足够的街道照明，增加夜间安全性。

❖ 划定空间的公共和私人属性以便管理这些空间中的活动（参见表 22）。

❖ 提高可见度和视线联系，为公共空间创造视觉可见性。

❖ 避免建造将人隔离或困于其中的场所。

❖ 维护公共空间、废弃场地和闲置场地。

❖ 在一天中的不同时间混合利用场地，以促进多样化的活动。

原则 7. 保护：综合应用广泛的政策条例以及地方性措施，减少社区层面的有害暴露

建议 18：从源头上减少污染物和化学物质，通过缓冲、技术或设计等方法将人与有毒物质隔离开来（参见表 25）。

◆ 引导发展要充分利用阳光和自然通风，以减少能源消耗和相关污染物（参见图 34 和图 35）。

◆ 使用和推广节水政策、技术和园林以减少用水量（参见图 36）。

◇ 通过公共政策干预和教育活动来减少垃圾，增加再利用、堆肥化和循环利用（参见表 26）。

❖ 将无法兼容的用途分开（参见表 27）。

❖ 在水处理基础设施中将雨水和生活用水分开，并建造雨水沉淀池。

◆ 在易受暴雨影响的地区采用水敏性城市设计策略（参见表 27）。

建议 19：将人群和基础设施与易受自然灾害影响的区域分隔开，并通过技术或设计提高灾害适应性。

◆ 评估来自灾害和其他危害对发展项目和计划造成的潜在健康和环境风险。

◆ 在容易发生洪水、海平面上升和严重风暴（如飓风）的地区进行限制开发或迁移。

❖ 采用环境敏感性景观设计来减轻与水、热和火有关的灾害。

◆ 通过社区层面的措施，加强预警系统以及决策者与居民之间的风险沟通。

❖ 建造面对自然灾害更具韧性的建筑。

建议 20：从源头上减少接触当地噪声，并通过缓冲、技术或设计等方法将人与噪声隔离。

◆ 分析现有的噪声模式，并制定相应的应对措施和计划（参见表 29 和图 41）。

◆ 采取策略来减缓交通和减少汽车发出的噪声（参见图 27）。

◆ 设置相兼容的土地用途，将噪声源与脆弱群体和地区分开（参见图 42）。

◆ 考虑选址和建筑位置，尽量减少噪声。

◆ 优化与街道、商业和学校相关的居住区结构布局，以减少居民与环境噪声的接触。

◆ 在主要道路与敏感的用地之间设置隔音墙或相对连续的建筑物。

原则 8. 实施：随着时间的推移协调各种行动措施

◇ 寻找一个支持者。

◇ 为多个群体做更多的事情。

◇ 建立能够长期引导社区发展的机构。

◇ 制定监督演变和改变的程序。

◇ 成功本身也是需要应对的问题。

◇ 实施一些速效策略，推进工作并建立联系。

附录 B：各章节涉及的健康问题

	空气质量	气候 / 热相关疾病	灾难
前言：迈向健康社区	●	●	●
原则 1：重要性			
建议 1：考虑健康问题的理由	●		
建议 2：确定与社区相关的健康问题初步清单	●	●	●
建议 3：明确是否有人关心健康问题			
原则 2：权衡			
建议 4：权衡利弊是健康规划的基本要求	●		
建议 5：健康社区没有理想尺度	●		
原则 3：脆弱性	●	●	●
建议 6：创造多种住房选择	●	●	
建议 7：将通用设计原则融入规划与设计中			●
建议 8：增加获取和接触健康食物的机会			
原则 4：布局	●		
建议 9：创建多功能社区，平衡各种活动	●		
建议 10：规定足够的人口密度以支持各项服务	●		●
建议 11：建立联通的“健康”交通转换模式			
建议 12：增加使用休闲设施和绿地的机会	●	●	
原则 5：可达性	●		
建议 13：交通规划与土地利用和城市设计相协调			
建议 14：为所有道路使用者提供安全的社区交通方式选择	●		
建议 15：确保充足的步行和骑行基础设施和公共便利设施			
原则 6：联系		●	●
建议 16：创建公共空间、项目和活动以支持健康交往与活动			
建议 17：设计公共场所，减少街头犯罪以及对犯罪的恐惧			
原则 7：保护	●	●	●
建议 18：从源头减少污染，将人与有毒物质分隔开	●	●	
建议 19：将居住区与易受自然灾害的区域分隔开		●	●
建议 20：从源头减少噪声，并将人与噪声隔开	●		
原则 8：实施			
结论			

住房	精神健康	噪声	有毒物质	水质	社区资源可达性	社会资本	移动性 / 通用设计	健康食物可获得性	体力活动	安全
●	●	●	●	●	●	●	●	●	●	●
●								●		
●		●		●						●
●	●	●	●	●	●	●	●	●	●	●
	●								●	
●	●				●	●		●		
●		●		●	●	●	●	●	●	●
			●	●	●					
●	●	●	●	●	●	●	●	●	●	●
●	●	●	●	●	●	●	●	●		●
●					●	●	●		●	
	●				●	●		●		
●		●			●	●		●		
●	●	●	●	●	●	●		●	●	●
●	●	●		●	●	●			●	
					●		●		●	●
	●	●		●	●	●	●	●	●	●
	●	●		●	●	●	●	●	●	●
●					●		●		●	●
					●				●	●
	●					●	●		●	●
	●				●	●			●	
					●	●			●	●
●	●					●	●		●	●
		●	●	●						
			●	●						
●			●							
	●	●								
●							●			

注释

前言

1. UNDESA 2013, xvii.
2. For an exception see NSW Health 2009
3. WHO 2006, orig 1946
4. HAPI 2015a, 2015b, 2015c; Rowe et al. 2016; Asensio and Mah 2016
5. UNDESA 2014, 1
6. UNDESA 2014, 1
7. UN 2004, 70
8. Forsyth 2014
9. Krizek et al. 2009b; Ely et al. 2002; Pawson 2003; Hammersley 2005
10. Ellen et al. 2001, 391
11. Krizek et al. 2009b
12. Cranz 1982
13. Rosenzweig and Blackmar 1992
14. Crewe 2001
15. Forsyth 2015
16. Forsyth and Crewe 2009; Sykes et al. 1967
17. Johnson et al 1994, 2
18. Roby 2014
19. Roby 2014
20. Vogt 1993, 31
21. Forsyth 2005a
22. Park 2012
23. World Meteorological Organization 2015
24. World Meteorological Organization 2015
25. WHO 2006, orig1946
26. Hancock and Minkler 2005; Forsyth et al. 2010c
27. WHO 2001
28. National Center for Healthy Housing and the American Public Health Association 2013
29. CDC 2015
30. City of Portland 2013
31. Park 2012
32. Scott 2014
33. Johnson et al. 1994, 382
34. Banerjee and Baer 1984
35. Johnson et al 1994, 442
36. FAO 2015
37. Park 2012
38. *Oxford English Dictionary* 2015
39. Vogt 1993; Forsyth et al. 2012s; Lytle 2009
40. Park 2012
41. Johnson et al. 1994, 528
42. World Meteorological Organization 2015
43. Vogt 1993, 221
44. World Bank 2015
45. Murayama et al. 2012
46. WHO 2016
47. Booth et al. 2012
48. National Geographic 2015
49. Lytle 2009; Forsyth et al. 2012
50. Park 2012, emphasis added
51. U.S. CDC 2015
52. U.S. CDC 2015
53. Park 2012

原则 1

1. Forsyth et al. 2010c; Kemm 2013
2. Hancock and Minkler 2005, 139; Orians et al. 2009
3. WHO 2001
4. This section draws on the Health and Places Initiative suite of health assessments (HAPI 2015a; 2015b; 2015c; 2015d; 2015e, 2015f). These in turn drew on earlier work by Design for Health (Design for Health 2007c; 2008a; 2008c; 2009; Krizek et al. 2009b; Slotterback et al. 2011; Forsyth et al 2010b; 2010c) as well as the wider literature on health impact assessment, particularly comprehensive reviews, HIA guidebooks, and process-oriented healthy places guidebooks (Scott-Samuel et al. 2001; Harris et al. 2007; Kemm 2013; U.S. EPA 2013; Ison 2013; NSW Health 2009). These overviews provide alternative examples of approaches to screening and scoping—all fairly similar but some more general and others applied to specific kinds of projects and plans. The strength of the HAPI tools is that they are aimed at the neighborhood scale and can deal with existing places as well as proposals and plans.
5. UCL Institute of Health Equity 2014
6. HAPI 2015d; 2015e; 2015f
7. Mindell et al. 2006

8. Gaber and Gaber 2007; Krizek et al. 2009b
9. Harris et al. 2007; Kemm 2013
10. Slotterback et al. 2011, 151
11. Orians et al. 2009
12. Forsyth et al. 2010b; 2010c; Kemm 2013
13. Design for Health 2008b, 4; Grootaert and van Bastelaer 2001, 9
14. Slotterback et al. 2011
15. UCL Institute of Health Equity 2014
16. Forsyth 2015a

原则 2

1. Pucher et al. 2010; Forsyth and Krizek 2010; Forsyth 2005b
2. Forsyth 2005b; 2012
3. DiMento and Ellis 2013
4. Rees et al. 2014; Oka 2011
5. Pucher et al. (2010, s117)
6. Pucher et al. 2010, s122; Pucher and Buehler 2008
7. Pucher and Buehler 2008, 498
8. Pucher and Buehler 2008, 498
9. Pucher and Buehler 2008, 512, 521, 522
10. Forsyth 2015a
11. Wells et al. 2007; Sobal and Wansink 2007; Swinburn et al. 2011
12. Crewe and Forsyth 2011
13. Forsyth and Krizek 2011; Forsyth 2015b
14. Crewe and Forsyth 2011
15. Lynch 1981; Camagni et al. 2013
16. Gill and Goh 2009; Capello and Camagni 2000
17. Camagni et al. 2013
18. Brower 2000; Jacobs 1961
19. Banerjee and Baer 1984
20. Perry 1929; 1939, 53, 117
21. Forsyth 2005b, 123–4
22. Alexander et al. 1977, 71
23. Alexander 1965

原则 3

1. This major review included 13 substantial task groups and a senior advisory panel working with the UCL Institute of Health Equity 2014
2. Gibson et al. 2011, 182
3. National Center for Healthy Housing and the American Public Health Association 2014
4. Thompson and Thomas 2015
5. Thompson and Thomas 2015, 208
6. Thompson and Thomas 2015, 211
7. Evans 2003, 537
8. Evans 2003, 537
9. Gibson et al. 2011, 183
10. UN 2004, 70; Morrow-Jones and Wenning 2005
11. WHO 2007, 30; AARP 2006, 43
12. Evans et al. 2003
13. Evans et al. 2003, 381; WHO 2007, 30
14. Cohen and Wardrip 2011, 1; Jacobs 2011, S118
15. Tsai 2015,14
16. Lubell et al. 2010, 6
17. Cohen and Wardrip 2011, 8; Cutts et. al 2011, 1508; Evans 2003, 538
18. Miller et al. 2011, S48
19. Gibson et al. 2011, 181
20. Gibson et al. 2011, 183
21. HAPI 2014c
22. Mace 1985, 147
23. Kose 1998, 44; EIDD 2004, 1; HAPI 2014c, 3
24. Grimble et al. 2010, 1
25. Skiba and Zuger 2009, 23–24; Van Cauwenberg et al. 2011, 467; WHO 2007
26. HAPI 2014c, 5; Boslaugh and Andresen 2006, 4; U.S. CDC 2009; WHO 2013
27. White et al 2010, 640
28. Maisel 2010, 3–4; HAPI 2014c
29. Gray et al. 2012, 87
30. STAQC 2005, 10
31. Swinburn et al. 2011, 804–805
32. Black et al. 2014; Aggarwal et al.2012; Drewnowski et al. 2012
33. Black et al. 2014; Beaulac et al. 2009; Fleischhacker et al. 2011
34. Black et al. 2014, 229
35. Swinburn et al. 2011, 807
36. Cannuscio et al. 2013, 606
37. Drewnowski et al. 2012, e77

38. Aggarwal et al. 2012, e37533
39. Drewnowski 2010, 1181
40. Foord 2010, 49; Grant 2002, 76, 78

原则 4

1. McCormack and Shiell 2011, 1; Ewing and Cervero 2010
2. Ewing and Cervero 2010, 265
3. Ding et al. 2011, 448
4. Foord 2010, 49, 59
5. Foord 2010, 59
6. Foord 2010, 59
7. Mansfield et al. 2015; Schweitzer and Zhou 2010
8. Brabec et al. 2002; Barbosa et al. 2012; Burton and Pitt 2002
9. Schneider and Kitchen, 2007, 52; Browning et al. 2010, 335–337
10. Foord 2010, 59
11. Suzuki et al. 2013, 152
12. Douglas et al. 2008; Kidokoro et al. 2008, 4, 18, 100–101, 107; Pelling 2003; Wamsler 2014, 21–23, 82, 86
13. Levine et al. 2012, 157
14. Forsyth and Krizek 2010, 434
15. Alexander 1965
16. Lovegrove and Sayed 2006b, 73, 80
17. Ewing and Cervero 2010, 276
18. Rosso et al. 2011, 1, 7
19. Van Cauwenberg et al. 2011; Van Stralen et al. 2009
20. Marshall and Garrick 2011a, 769
21. Lovegrove and Sayed 2006b, 73, 80
22. Wei and Lovegrove 2012
23. Wei and Lovegrove 2012
24. Ding 2011; McGrath 2015; Sallis and Glanz 2006
25. Lovegrove and Sayed 2006a, 620
26. Lovegrove and Sayed 2006b
27. Wei and Lovegrove 2012
28. Wei and Lovegrove 2012, 147
29. Sykes et al. 1967
30. Harnick 2006, 57
31. Again this is an area of much research and interpretation: Appleton 1975; Kaplan and Kaplan 1989; Heerwagen and Gregory 2008; Orians 1986; Orians and Heerwagen 1992; Wilson 1984; Forsyth and Musacchio 2005; Tveit et al. 2007; Zube and Pitt 1981; Kellert et al. 2008, 12–13, 146–147
32. Barton and Pretty 2010
33. There are many excellent sources in this area including: Peacock et al.2007; Alcock et al. 2014; Blumenthal et al. 1999; Bowler et al. 2010b; Brown et al. 2013; Cimprich and Ronis 2003; Coon et al. 2011; Davis 2004; Dijkstra et al. 2006; Grahn and Stigsdotter 2010; Hartig 2003; Hull and Michael 1995; Kellert et al. 2008, 87–106; Maller et al. 2005; Orsega-Smith et al. 2004, Park et al. 2008; Tsunetsugu et al. 2005; Ulrich 1999; Ulrich 1984; Van den Berg et al. 2007; Biederman and Vessel 2006; Fjeld et al. 1998; Hartig et al. 1991; Heerwagen and Orians 2002; Heerwagen 2009; Isenberg and Quisenberry 2002; Lohr et al. 1996; Shibata and Suzuki 2002; Tennessen and Cimprich 1995; Wells 2000; Wells and Rollings 2012
34. Bowler et al. 2010b, 1, 9
35. Coon et al., 2011
36. Chalfont and Rodiek 2005; Kuo and Taylor 2004; Mooney and Nicell 1992; Rappe 2005; Taylor et al. 2001; Taylor and Kuo 2009; Ulrich 2002
37. Bauman et al. 2011; Lovasi et al. 2009
38. Ding et al. 2011; Rosso et al. 2011; Van Cauwenberg et al. 2011; Wendel-Vos et al. 2007, 425
39. Christian et al. 2015, 30
40. Forsyth and Musacchio 2005, 3–5
41. Christian et al. 2015, 33
42. Harnick 2006, 57
43. Greenways, Inc. 1992, 53–54
44. Forrest and Kearns 2001, 2140; ULI 2015, 63

原则 5

1. Litman 2014, 14
2. Lynott et al. 2009, 3, 32
3. Zavestoski and Ageyman 2015
4. Curtis et al. 2009, 4
5. Curtis et al. 2009, 5
6. Curtis et al. 2009, 4
7. Ewing and Cervero 2001, 100; Guerra and Cervero 2011
8. Curtis et al. 2009, 4
9. Visser et al. 2014, 15
10. Lynott et al. 2009, 3, 32
11. Lindholm 2010, 6211
12. Wisetjindawat 2010, 13

13. BC Ministries of Health Services and Planning 2002, 5; Fortney et al. 2011; Michigan Department of Community Health 2014, 2; USHHS 1993
14. Wei and Lovegrove 2012
15. Faulkner et al. 2009; Wanner et al. 2012, 493; Yang et al. 2010, 7
16. WHO 2013b
17. Guerra and Cervero 2011, 287
18. Taylor and Fink 2013, 21
19. Several reviews that provide walking distance thresholds to transit: Agrawal and Schimek 2007; Alshalalfah and Shalaby 2007; Olszewski and Wibowo 2005
20. Black et al. 2001; Ewing et al. 2004; Timperio et al. 2004; Timperio et al. 2006
21. Martens 2004, 281; Pucher and Buehler 2008; Iacono et al. 2008, 8, 13
22. Chung 1997; Morral and Bloger 1996
23. Shoup 2005; Mukhija and Shoup 2006; Taylor and Fink 2013, 20; TCRP 1998
24. Hamer 2010
25. Suzuki et al. 2013, 149
26. See Curtis et al. 2009, 15; Guerra and Cervero 2011, 286; Taylor and Fink 2013, 23
27. Studies on the relationship of transit access and proximity to physical activity include: Bauman et al. 2012, Forsyth and Krizek 2010; McCormack and Shiell 2011; Owen et al. 2004; Sallis et al. 2009; Sugiyama et al. 2012. Research that focuses on these connections among the older adult population includes: Cunningham and Michael 2004; Moran et al. 2014, Rosso et al. 2011, Van Cauwenberg et al. 2011
28. Skiba and Zuger 2009, 26; Centre for Accessible Environments 2012, 22; Green 2013, S125; White et al. 2010, 639; University of Kansas 2013
29. Curtis et al. 2009, 153–169; Suzuki et al. 2013, 19
30. Dittmar and Ohland 2004, 24; Suzuki et al. 2013, 16–17
31. WHO 2015a
32. Ewing and Dumbaugh 2009, 347
33. CEDR 2008, 100; Donnell et al. 2009, 80; Rosen and Sander 2009
34. Donnell et al. 2009, 7
35. Litman and Fitzroy 2015, 11–21
36. CEDR 2008, 112
37. Morrison et al. 2003, 329
38. Bunn et al 2003, 2
39. Positive evidence associated with slower traffic speeds an increased children's physical activity can be found in: Ding et al. 2011; Davison and Lawson 2006; Giles-Corti et al. 2009; McGrath et al. 2015; Sallis and Glanz 2006. Positive evidence for able-bodied adults:: Casagrande et al. 2009; Duncan et al. 2005; Forsyth and Krizek 2010; Frost et al. 2010. Research that found no relationship for able-bodied adults includes: McCormack and Shiell 2011; Saelens and Handy 2008; Sugiyama et al. 2012; Trost et al. 2002; Wendel-Vos et al. 2007. Research with mixed results: Humpel et al. 2002; Owen et al. 2004. Reviews that found no connection for older adults include: Cunningham and Michael 2004; Rosso et al. 2011; Van Cauwenberg et al. 2011 or mixed evidence Van Stralen et al. 2009.
40. FHWA 2012; WHO 2008
41. Ewing and Dumbaugh 2009, 347
42. Sugiyama et al. 2012; Van Cauwenberg et al. 2011
43. The systematic reviews and qualitative evidence referred to include: Bauman et al. 2012; Ding et al. 2011; Frost et al. 2010; McCormack and Shiell 2011; Wendel-Vos et al. 2007; Van Cauwenberg et al. 2011; Van Holle et al. 2012.
44. Casagrande et al. 2009; Duncan et al. 2005; Frost et al. 2010; Owen et al. 2004; Sallis et al. 2009; Sugiyama et al. 2012; Van Holle et al. 2012; Wendel-Vos et al. 2007. Others less conclusive: Forsyth and Krizek 2010; McCormack and Shiell 2011; Trost et al. 2002
45. Ding et al. 2011 (some mixed or uncertain evidence); Davison and Lawson 2006; Giles-Corti et al. 2009; McGrath et al. 2015; Sallis and Glanz 2006 ; Clarke et al. 2008; Rimmer et al. 2004, 421; University of Kansas 2013; WHO 2007, 12–14
46. Ding et al. 2011; Davison and Lawson 2006; Forsyth and Krizek 2010; Giles-Corti et al. 2009; Sallis and Glanz 2006
47. Davison and Lawson 2006; Forsyth and Krizek 2010, 436–437; Giles-Corti et al. 2009; Moran et al. 2014; McGrath et al. 2015; Van Cauwenberg et al.2011
48. Forsyth and Krizek 2010, 437; See also Humpel et al. 2002; McCormack and Shiell 2011; Sallis et al. 2009; Moran et al. 2014
49. WHO 2013b, 14
50. FHWA 2014
51. Forsyth and Krizek 2010, 437
52. Forsyth and Krizek 2010, 437

53. Forsyth and Krizek 2010
54. Reynolds et al. 2009, 14
55. FHWA 2014
56. FHWA 2005; Koepsell et al. 2002
57. Forsyth and Krizek 2010; Monsere et al. 2014; Falbo 2014
58. Jasper and Bartram 2012; Park et al. 2012; Skiba and Zuger 2009, 23–24; Preiser and Smith 2011, 20.4; ULI 2015, 60; van Cauwenberg et al. 2011, 467; WHO 2007, 13, 16–18, 25
59. Fleming 2007; Sharp et al. 2005
60. Baum and Palmer 2002, 351; Bjornstrom and Ralson 2014
61. Bowler et al., 2010a; Mills et al. 2010

原则 6

1. World Bank 2015
2. Murayama et al. 2012
3. Grootaert and van Bastelaer 2001, 9; Kawachi et al. 2013, 3
4. Cheung 2011, 199; Fried et al. 2004, 64; Kawachi et al. 2013, 227; Sirven and Debrand 2012
5. Gao et al. 2012, 2; Resnick et al. 2011, 6; Rowe and Kahn 1987, 146
6. Rowe and Kahn 1987, 147
7. Design for Health 2008b, 4; Grootaert and van Bastelaer 2001, 9
8. Jackman 2001; Kawachi et al. 2013
9. Kawachi et al. 2013, 9
10. Ewing and Bartholomew 2013, 75
11. Forsyth 2000, 127; Lee et al. 2009
12. Jacobson and Forsyth 2008, 76
13. Frumkin 2003, 1453
14. Forrest and Kearns 2001, 2140
15. Koohsari et al. 2015, 75
16. Koohsari et al. 2015, 80
17. White et al. 2010, 369
18. Jacobson and Forsyth 2008, 78
19. Koohsari et al. 2015, 80
20. Cozens et al. 2005, 337–338
21. Ewing and Bartholomew 2013, 76
22. Forsyth and Krizek 2010, 431, 434–435, 441
23. Forsyth and Musacchio 2005, 145
24. Baum et al. 2011, 53; Forrest and Kearns 2001, 2140
25. Lorenc et al. 2012, 758
26. Branas et al. 2011, 1296; Lorenc et al. 2012, 762
27. Lorenc et al. 2012, 762
28. Welsh and Farrington 2008, 3; Schneider and Kitchen, 2007, 199
29. Welsh and Farrington 2008, 3
30. Cozens et al. 2005, 343
31. Ellen et al. 2001, 394, 397; Foster and Giles-Corti, 2008; Lorenc et al. 2012
32. Ellen et al. 2001, 404
33. Ellen et al. 2001, 392
34. Foster and Giles-Corti 2008, 249
35. Foster and Giles-Corti 2008; Lorenc et al. 2012
36. Sampson et al. 1997; Subramanian et al. 2003
37. Dallgo 2009, 149
38. Dallago et al. 2009, 152
39. Dallago et al. 2009, 155
40. Schneider and Kitchen, 2007, 47
41. Schneider and Kitchen, 2007, 52
42. Lorenc et. al. 2012
43. Jacobson and Forsyth 2008, 78; Politechnico di Milano et al. 2007, 35
44. Politechnico di Milano et al. 2007, 36
45. Gobster 2002, 151; Design for Health 2007c
46. Saraiva and Pinho 2011, 222
47. Saraiva and Pinho 2011, 222
48. Sampson and Raudenbush 2001, 5
49. Saraiva and Pinho 2011
50. Politechnico di Milano et al. 2007, 29

原则 7

1. Prüss- Üstün et al. 2011, 6–7
2. WHO 2015d
3. Brender et al. 2011, S37, 49,; Porta et al. 2009, 1, 8
4. Guha-Sapir et al. 2013, 1, 3
5. IPCC 2012 5–7
6. Guha-Sapir et al. 2015; HAPI 2014m, 3
7. Guha-Sapir et al. 2015
8. Fritschi et al. 2011, vii
9. Prüss-Üstün et al. 2011, 1, 4
10. Prüss-Üstün 2011, 1

11. D'Amato et al. 2010, 95–97; Laumbach and Kipen 2012, 6, 10; Pascal et al. 2013; Perez-Padilla et al. 2010,1080–1082; Samet 2010, 321– 324; WHO 2014; Zhang et al. 2010, 1111
12. Barbosa et al. 2012; Burton and Pitt 2002; Wang 2015
13. Barbosa et al. 2012; Gasperi et al. 2010, Hvitved-Jacobsen et al. 2010
14. Brabec et al. 2002; Goonetilleke et al. 2005; Jacobson 2011
15. Research on waste and harmful hazards includes: Arukwe et al. 2012; Parkinson et al. 2010, 277; Prüss-Üstün 2011, 3; Schwarzenbach et al. 2010, 114, 127; Schueler, T.R. 2000. Studies on pathways to human exposure include: Parkinson et al. in Vlahov et al. (ed.) 2010, 277; Prüss-Üstün 2011, 3; Schwarzenbach et al. 2010, 114, 127. Studies on health and proximity waste include: Brender et al. 2011, 49; Mattiello et al. 2013; Porta et al. 2009
16. Mattiello et al. 2013, 731
17. Brender et al. 2011, S38, S49; Mattiello et al. 2013; Porta et al. 2009, 4, 6–7; Prüss-Üstün et al. 2011, 5; Sepúlveda et al. 2010, 36
18. Brown 2014, 104–110; Seadon 2010
19. Davoudi et al. 2009, 38, 39; Stone et al. 2010, 1427
20. Davoudi et al. 2009, 39
21. Engelman and LeRoy 1993; Postel 1997
22. Bernstein 1997; Dixon et al. 2014; Hilaire et al. 2008; Kent et al. 2006; Postel 1997; Wang 2015
23. Kemp et al. 2007, 85; Powrie and Dacombe 2006; Seadon 2006; Seadon 2010; U.S. EPA 2002
24. Benova et al. 2014; Dangour et al. 2013; Fink et al. 2011; Hunter et al. 2010, Schwarzenbach et al. 2010, 127
25. Barbosa et al. 2012, 6793; Capodaglio 2005; Haller et al. 2007; Tchobanoglous, et al. 2002; Wang 2015
26. Davis et al. 2009; Schueler 2000; Scholes et al. 2008
27. Austin 2014, 154–172; Burke 2009; Dixon et al. 2014; Kaufman and Wurtz 1997; Kronaveter et al. 2001; Scholes et al. 2008
28. Expanded from Guha-Sapir et al. 2013, 7
29. Guha-Sapir et al. 2013, 1, 3
30. IPCC 2012 5–7
31. Guha-Sapir et al. 2013, 2
32. The following studies focus on development vulnerable to disasters: Adger et al. 2005, 1036; Douglas et al. 2008; Joffe et al. 2013; Kidokoro et al. 2008, 4, 18, 100–101, 107; Pelling 2003; Wamsler 2014, 21–23, 82, 86
33. Adger et al. 2005, 1036; Douglas et al. 2008; Galea et al. 2006; Gaspirini 2014, 2–3, 68–69; Joffee et al. 2013, 2; Kidokoro et al. 2008, 4, 18, 100–101, 107; Pelling 2003; Wamsler 2014, 21–23, 82, 86
34. Davis et al. 2010, 1, 2,7; Norris et al. 2002, 236
35. Much research has been conducted on the health outcomes associated with disasters for women and children: Alderman et al. 2012, 38, 45; Basu 2009; Basu and Samet 2002; et al. 2009, 55, 57; Curriero et al. 2002, 85; Doocy et al. 2013a; Doocy et al. 2013b; Hajat and Kosatky 2009; Kovats and Hajat 2008; Reid et al. 2009; Romero-Lanko et al. 2012; Rosenthal et al. 2014; Shea and the Committee on Environmental Health 2007.
36. Godschalk 2003, 140; Romero-Lankao et al. 2012; Rosenthal et al. 2014; Berke and Smith 2009; Kidokoro et al. 2008, 19, 114; Schwab 2011, 49
37. Berke and Smith 2009; Coppola 2011, 21, 26; Godschalk 2003, 141
38. Stone et al. 2010; Adger et al. 2005, 1038; Berke and Smith 2009; Wamsler 2014, 130–133
39. IPCC 2012, 14
40. Adger et al. 2005, 1038; Chan et al. 2009, 55; Coppola 2011, 26; Kidokoro et al. 2008, 20
41. Berke and Smith 2009; Coppola 2011, 21, 26; Kidokoro et al. 2008, 20
42. Murphy and King 2015, 52
43. Berglund et al. 1999, xviii
44. FHWA 2001, 6
45. Babisch 2006; Fritschi et al. 2011, 45; van Kempen et al. 2002, 314; Berglund et al. 1999
46. van Kamp and Davies 2013, 158
47. Babisch 2006, 1; Babisch 2011, 201; Davies and van Kamp 2012, 287; Stansfeld and Crombie 2011, 229; van Kempen et al. 2002, 307
48. WHO 2011c, 16, 201; Davies and van Kamp 2012, 287; Fritschi et al. 2011, 103; Huss et al. 2010, 829; Gan et al. 2012, 898
49. Fritschi et al. 2011,103
50. Berglund et al. 1999, xviii

51. http://services.defra.gov.uk/wps/portal/noise; Note: Map is of central London, postal code E1. Darker areas are higher noise levels, e.g. 75+ dB(A), while lighter areas are below 55 dB(A).
52. Moudon 2009, 170
53. WHO 1999, 72
54. Daigle 1999, 157
55. FHWA 2011
56. WHO 1999, 77; Murphy and King 2015, 225; FWHA 2011
57. Dzhambov and Dimitrova 2014, 157
58. Daigle 1999, 137

原则 8

1. Project types include new towns (Forsyth 1999, 2005b), transportation systems or elements (Altshuler 1965; Pucher and Buehler 2008), and land-use plans (Krizek et al. 2009b).
2. Krizek et al. 2009b

结论

1. Bentley et al. 1985

参考文献

AARP Public Policy Institute (AARP). 2006. *State of 50+ America: 2006*. Washington, D.C.: AARP.

Adger, W. Neil, Terry P. Hughes, Carl Folke, Stephen R. Carpenter, and Johan Rockström. 2005. "Social-ecological resilience to coastal disasters." *Science* 309, 5737: 1036–1039.

Aggarwal, Anju, Pablo Monsivais, and Adam Drewnowski. 2012. "Nutrient intakes linked to better health outcomes are associated with higher diet costs in the U.S." *PLoS ONE* 7, 5: e37533–e37533.

Agrawal, Asha Weinstein, and Paul Schimek. 2007. "Extent and correlates of walking in the USA." *Transportation Research Part D: Transport and Environment* 12, 8: 548–563.

Alcock, Ian, Mathew P. White, Benedict W. Wheeler, Lora E. Fleming, and Michael H. Depledge. 2014. "Longitudinal effects on mental health of moving to greener and less green urban areas." *Environmental Science & Technology* 48, 2: 1247–1255.

Alderman, Katarzyna, Lyle R. Turner, and Shilu Tong. 2012. "Floods and human health: a systematic review." *Environment International* 47: 37–47.

Alexander, Christopher, Sara Ishikawa, and Murray Silverstein. 1977. *A Pattern Language: Towns, Buildings, Construction*. New York: Oxford University Press.

Alexander, Christopher. 1965. "A city is not a tree." *Architectural Forum* 122, 1: 58–62.

Alshalalfah, B. W., and Amer S. Shalaby. 2007. "Case study: relationship of walk access distance to transit with service, travel, and personal characteristics." *Journal of Urban Planning and Development*, 133, 2: 114–118.

Altshuler, Alan. 1965. *The City Planning Process*. Ithaca, N.Y.: Cornell University Press.

American Planning Association. 2007. *Planning and Urban Design Standards*. Hoboken, N.J.: John Wiley & Sons.

Appleton, Jay. 1975. *The Experience of Landscape*. New York: Wiley.

Arukwe, Augustine, Trine Eggen, Monika Möder. 2012. "Solid waste deposits as a significant source of contaminants of emerging concern to the aquatic and terrestrial environments—A developing country case study from Owerri, Nigeria. "*Science of the Total Environment* 438: 94–102.

Austin, Gary. 2014. *Green Infrastructure for Landscape Planning: Integrating Human and Natural Systems*. London: Routlege.

Asensio-Villoria, Leire and David Mah, eds. 2016. *Life-styled: Health and Place*. Berlin, Germany: Jovis.

Babisch, Wolfgang. 2002. "The noise/stress concept, risk assessment and research needs." *Noise & Health* 4, 16:1–11.

Babisch, Wolfgang. 2006. "Transportation noise and cardiovascular risk: updated review and synthesis of epidemiological studies indicate that the evidence has increased." *Noise & Health* 8: 1–29.

Babisch, Wolfgang. 2011. "Cardiovascular effects of noise" *Noise & Health* 13,52: 201–204.

Babisch, Wolfgang, Gabriele Wölke, Joachim Heinrich, and Wolfgang Straff. 2014. "Road traffic noise and hypertension–accounting for the location of rooms." *Environmental Research* 133: 380–387.

Banerjee, Tridib, and William Baer. 1984. *Beyond the Neighborhood Unit: Residential Environments and Public Policy*. New York: Plenum Press.

Barbosa, A. E., J. N. Fernandes, and L. M. David. 2012. "Key issues for sustainable urban stormwater management." *Water Research* 46, 20: 6787–6798.

Barr, Stewart. 2007. "Factors influencing environmental attitudes and behaviors a UK case study of household waste management." *Environment and Behavior* 39, 4: 435–473.

Barth, Jurgen, Sarah Schneider, and Roland von Kanel. 2010. "Lack of social support in the etiology and the prognosis of coronary heart disease: a systematic review and meta-analysis." *Psychosomatic Medicine* 72: 229–238.

Barton, Hugh, Marcus Grant, and Richard Guise. 2010. *Shaping Neighborhoods: For Local Health and Global Sustainability*. 2nd ed. London: Routledge.

Barton, Jo, and Jules Pretty. 2010. "What is the best dose of nature and green exercise for improving mental health? A multi-study analysis." *Environmental Science and Technology* 44, 10: 3947–55.

Bass, Ellen S., Rebecca L. Calderon, and Mary Ellen Khan. 1990. "Household hazardous waste: a review of public attitudes and disposal problems." *Journal of Environmental Health* 52, 6: 358–361.

Basu, Rupa, and Jonathan M. Samet. 2002. "Relation between elevated ambient temperature and mortality:

a review of the epidemiologic evidence." *Epidemiologic Reviews* 24, 2: 190–202.

Basu, Rupa. 2009. "High ambient temperature and mortality: a review of epidemiologic studies from 2001 to 2008." *Environmental Health* 8:40–53.

Baum, Fran, and Catherine Palmer. 2002. " 'Opportunity structures': urban landscape, social capital and health promotion in Australia." *Health Promotion International* 17, 4: 351–361.

Bauman, Adrian E., Rodrigo S. Reis, James F. Sallis, Jonathan C. Wells, Ruth J.F. Loos, and Brian W. Martin. 2012. "Correlates of physical activity: why are some people physically active and others not?" *Lancet* 380: 258–271.

Bauman, Adrian, Guansheng Ma, Frances Cuevas, Zainal Omar, Temo Waqanivalu, Philayrath Phongsavan, Kieren Keke, Anjana Bhushant. 2011. "Cross-national comparisons of socioeconomic differences in the prevalence of leisure-time and occupational physical activity, and active commuting in six Asia-Pacific countries." *Journal of Epidemiology and Community Health* 65: 35–43.

Beaulac, Julie, Elizabeth Kristjansson, Steven Cummins. 2009. "A systematic review of food deserts, 1966–2007." *Preventing Chronic Disease* 6, 3: 1–10.

Bellos, Anna, Kim Mulholland, Katherine L. O'Brien Shamim A. Qazi, Michelle Gayer, and Francesco Checchi. 2010. "The burden of acute respiratory infections in crisis-affected populations: a systematic review." *Conflict and Health* 4, 1: 3–15.

Benova, Lenka, Oliver Cumming, and Oona M.R. Campbell. 2014. "Systematic review and meta-analysis: association between water and sanitation environment and maternal mortality." *Tropical Medicine and International Health* 19, 4: 368–387.

Bentley, Ian, Alan Alcock, Paul Murrain, Sue McGlynn, and Graham Smith. 1985. *Responsive Environments: A Manual for Designers*. London: The Architectural Press.

Berglund, Birgitta, Thomas Lindvall, and Dietrich H. Schwela, eds. 1999. *Guidelines for Community Noise*. Geneva: World Health Organization.

Berke, Philip, and Gavin Smith. 2009. "Hazard mitigation, planning, and disaster resiliency: challenges and strategic choices for the 21st century." In *Building Safer Communities: Risk Governance, Spatial Planning and Responses to Natural Hazards*, ed. Urbano Fra Paleo, 1–20. Amsterdam: Ios Press.

Bernstein, J.D. 1997. "Economic Instruments." In *Water Pollution Control – A Guide to the Use of Water Quality Management Principles,* ed. Richard Helmer and Ivanildo Hespanhol, 157–178. Geneva: World Health Organization/ UNEP.

Bhutta, Zulfiqar A., Fauzia A. Bawany, Asher Feroze, Arjumand Rizvi, Samman J. Thapa, and Mahesh Patel. 2009. "Effects of the crises on child nutrition and health in East Asia and the Pacific" *Global Social Policy* 9, 1: 119–143.

Biederman, Irving, and Edward Vessel. 2006. "Perceptual pleasure and the brain." *American Scientist* 94, 1: 249–255.

Bjornstrom, Eileen E.S., and Margaret L. Ralston. 2014. "Neighborhood built environment, perceived danger, and perceived social cohesion." *Environment and Behavior* 46, 6: 718–744.

Black, Christina, Graham Moon, and Janis Baird. 2014. "Dietary inequalities: What is the evidence for the effect of the neighborhood food environment?" *Health and Place* 27: 229–242.

Black, Colin, Alan Collins, and Martin Snell. 2001 "Encouraging walking: the case of journey-to school trips in compact urban areas." *Urban Studies* 38, 7: 1121–1141.

Blumenthal, James A., Michael A. Babyak, Kathleen Moore, W. Edward Craighead, Steve Herman,Parinda Khatri, Robert Waugh, Melissa Napolitano, Leslie M. Forman, Mark Appelbaum, P. Murali Doraiswamy, K. Ranga Krishnan. 1999. "Effects of exercise training on older patients with major depression."*Archives of Internal Medicine* 159, 19: 2349–356.

Booth, Andrew, Diana Papaioannou, Anthea Sutton. 2012. *Systematic Approaches to the Successful Literature Review.* Los Angeles: Sage.

Boslaugh, Sarah E., and Elena M. Andresen. 2006. "Correlates of physical activity for adults with disability." *Preventing Chronic Disease* 3, 3: A78. Online resource. www.ncbi.nlm.nih.gov/pmc/articles/PMC1636710.

Bowler, Diana E., Lisette Buyung-Ali, Teri M. Knight, and Andrew S. Pullin. 2010a. "Urban greening to cool towns and cities: a systematic review of the empirical evidence." *Landscape and Urban Planning* 97: 147–155.

Bowler, Diana E., Lisette M. Buyung-Ali, Teri M. Knight, and Andrew S. Pullin. 2010b. "A systematic review of evidence for the added benefits to health of exposure to natural environments." *BMC Public Health* 10, 1: 456.

Brabec, Elizabeth, Stacey Schulte, and Paul l. Richards. 2002. "Impervious surfaces and water quality: a review of current literature and its implications for watershed planning." *Journal of Planning Literature* 16: 499–514.

Bramley, Glen, and Sinead Power. 2009. "Urban form and social sustainability: the role of density and housing type." *Environment and Planning B: Planning and Design,* 39: 30–48.

Branas, Charles C., Rose A. Cheney, John M. MacDonald, Vicky W. Tam, Tara D. Jackson, and Thomas R. Ten Have. 2011. "A difference-in-differences analysis of health, safety, and greening vacant urban space." *American Journal of Epidemiology* 174, 11: 1296–1306.

Brender, Jean D., Juliana A. Maantay, and Jayajit Chakraborty. 2011. "Residential proximity to environmental hazards and adverse health outcomes." *American Journal of Public Health* 101, S1: S37–52.

British Columbia Ministries of Health Services and Health Planning. 2002. *Standards of Accessibility and Guidelines for Provision of Sustainable Acute Care Services by Health Authorities.* www.health.gov.bc.ca/library/publications/year/2002/acute_accessibility.pdf.

Brower, Sidney. 2000. *Good Neighborhoods: A Study of In-Town and Suburban Residential Environments.* Westport, Conn.: Praeger.

Brown, Daniel K., Jo L. Barton, and Valerie F. Gladwell. 2013. "Viewing nature scenes positively affects recovery of autonomic function following acutemental stress." *Environmental Science & Technology* 47: 5562–5569.

Brown, Hillary. 2014. *Next Generation Infrastructure.* Washington, D.C.: Island Press.

Browning, Christopher R., Reginald A. Byron, Catherine A. Calder, Lauren J. Krivo, Mei-Po Kwan, Jae-Yong Lee, and Ruth D. Peterson. 2010. "Commercial density, residential concentration, and crime: Land use patterns and violence in neighborhood context." *Journal of Research in Crime and Delinquency* 47, 3: 329–357.

Bulkeley, H., and N. Gregson. 2009. "Crossing the threshold: municipal waste policy and household waste generation." *Environment and Planning* 41, 4: 929-945.

Bunn, Frances, Timothy Collier, Chris Frost, Katharine Ker, Rebecca Steinbach, Ian Roberts, and Reinhard Wentz. 2003. "Area-wide traffic calming for preventing traffic related injuries." *Cochrane Database of Systematic Reviews.* 1: CD003110. Online resource.

Burke, David. 2009. "Water systems for urban improvements." *Blue: Water Energy and Waste* vol 1: 53–69. http://issuu.com/grimshawarchitects/docs/blue_01.

Burton, G. Allen, and Robert Pitt. 2002. *Stormwater Effects Handbook: A Toolbox for Watershed Managers, Scientists, and Engineers.* Boca Raton, Fla.: Lewis.

Camagni, Roberto, Roberta Capello, Andrea Araglui. 2013. "One or infinite optimal city sizes? In search of an equilibrium size for cities." *Annals of Regional Science* 51: 309–341.

Cannuscio, Carolyn C., Karyn Tappe, Amy Hillier Alison Buttenheim, Allison Karpyn, and Karen Glanz. 2013. "Urban food environments and residents' shopping behaviors." *American Journal of Preventive Medicine* 45, 5: 606–614.

Capello, Roberta, and Roberto Camagni. 2000. "Beyond optimal city size: an evaluation of alternative growth patterns." *Urban Studies* 37, 9: 1479–1496.

Capodaglio, A. G. 2005. "Improving sewage treatment plant performance in wet weather." In *Enhancing Urban Environment by Environmental Upgrading and Restoration*, ed. Jiri Marsalek, Daniel Sztruhar, Mario Guilianelli, and Ben Urbonas, 175–185. Dortrecht, Netherlands: Springer Science + Media.

Carpiano, Richard. 2006. "Toward a neighborhood resource-based theory of social capital for health: Can Bourdieu and sociology help?" *Social Science & Medicine* 62, 1: 165–175.

Casagrande, Sarah Stark, Melicia C. Whitt-Glover, Kristie J. Lancaster, Angela M. Odoms-Young, and Tiffany L. Gary. 2009. "Built environment and health behaviors among African Americans: a systematic review." *American Journal of Preventive Medicine* 36, 2: 174–181.

Centre for Accessible Environments. 2012. *Designing for Accessibility.* 2012 ed. London: RIBA.

Chaffee, Mary. 2009. "Willingness of health care personnel to work in a disaster: an integrative review of the literature." *Disaster Medicine and Public Health Preparedness* 3, 1: 42–56.

Chalfont, Garuth Eliot, and Susan Rodiek. 2005. "Building edge: an ecological approach to research and design of environments for people with dementia." *Alzheimer's Care Today* 6, 4: 341.

Chan, Emily YY, Yu Gao, and Sian M. Griffiths. 2009 "Literature review of health impact post-earthquakes in China 1906–2007." *Journal of Public Health* 32: 52–61.

Chatman, Daniel G., Robert Cervero, Emily Moylan, Ian Carlton, Dana Weissman, Joe Zissman, Erick Guerra, Jin Murakami, Paolo Ikezoe, Donald Emerson, Daniel Tischler, Daniel Means, Sandra Winkler, Kevin Sheu, and Sun Young. 2014. *Making Effective Fixed-Guideway Transit Investments: Indicators of Success.* Washington, D.C.: Transportation Research Board.

Cheung, Chau-Kiu. 2011. Children's sense of belonging and parental social capital derived from school. *The Journal of Genetic Psychology* 172, 2: 199–208.

Christian, Hayley, Stephen R. Zubrick, Sarah Foster, Billie Giles-Corti, Fiona Bull, Lisa Wood, Matthew Knuiman, Sally Brinkman, Stephen Houghton, and Bryan Boruff 2015. "The influence of the neighborhood physical environment on early child health and development: a review and call for research." *Health* & *Place* 33: 25–36.

Chung, Kyusuk. 1997. "Estimating the effects of employment, development level, and parking availability on CTA rapid transit ridership: from 1976 to 1995 in Chicago." In *Metropolitan Conference on Public Transportation Research, 1997 Proceedings*. Chicago: University of Illinois.

Cimprich, Bernadine, and David L. Ronis. 2003. "An environmental intervention to restore attention in women with newly diagnosed breast cancer." *Cancer Nursing* 26, 4: 284.

City of Portland. 2013. *My Portland Plan: What Makes a Neighborhood Complete? Portland Plan.* Online resource. www.portlandonline.com/portlandplan/?a=437441&.

Clarke, Philippa, Jennifer A. Ailshire, Michael Bader, Jeffrey D. Morenoff, and James S. House. 2008. "Mobility disability and the urban built environment." *American Journal of Epidemiology* 168, 5: 506–513.

Cohen, Rebecca, and Keith Wardrip. 2011. "*Should I Stay or Should I Go? Exploring the Effects of Housing Instability and Mobility on Children.*" Washington, D.C.: Center for Housing Policy. http://nhc.org/media/files/HsgInstablityandMobility.pdf.

Coleman, Les. 2006. "Frequency of man-made disasters in the 20th century." *Journal of Contingencies and Crisis Management* 14, 1: 3–11.

Community Planning.net. 2016. *Community Planning Methods.* www.communityplanning.net/methods/methods_a-z.php.

Conference of European Directors of Roads (CEDR). 2008. *Best Practice For Cost-Effective Road Safety Infrastructure Investments.* Brussels, Belgium: CEDR's Secretariat General. www.cedr.fr/home/fileadmin/user_upload/Publications/2008/e_Road_Safety_Investments_

Coon, J., Kate Boddy, Ken Stein, Rebecca Whear, Joanne Barton, and Michael H. Depledge. 2011. "Does participating in physical activity in outdoor natural environments have a greater effect on physical and mental wellbeing than physical activity indoors? A systematic review." *Environmental Science and Technology* 45: 1761–1772.

Coppola, Damon P. 2011. *Introduction to International Disaster Management,* 2nd ed. Burlington, Mass.: Elsevier.

Cox, Jayne, Sara Giorgi, Veronica Sharp, Kit Strange, David C. Wilson, and Nick Blakey. 2010. "Household waste prevention—a review of evidence." *Waste Management* & *Research* 28, 3: 193–219.

Cozens, Paul Michael, Greg Saville, and David Hillier. 2005. "Crime prevention through environmental design (CPTED): a review and modern bibliography." *Property Management* 23, 5: 328–356.

Cozens, Paul, and David Hillier. 2008. "The shape of things to come: new urbanism, the grid and the cul-de-sac." *International Planning Studies* 13, 1: 51–73.

Cranz, Galen. 1982. *The Politics of Park Design*. Cambridge Mass.: MIT Press.

Crewe, Katherine, and Ann Forsyth. 2011. "Compactness and connection in environmental design: insights from ecoburbs and ecocities for design with nature." *Environment and Planning-Part B* 38, 2: 267–288.

Crewe, Katherine. 2001. "The quality of participatory design: The effects of citizen input on the design of the Boston Southwest Corridor. "*Journal of the American Planning Association* 67, 4: 437–465.

Cunningham, Grazia O., and Yvonne L. Michael. 2004. Concepts guiding the study of the impact of the built environment on physical activity for older adults: a review of the literature. *American Journal of Health Promotion* 18, 6: 435–443.

Curriero, Frank C., Karlyn Heiner, Jonathan Samet, Scott Zeger, Lisa Strug, and Jonathan Patz. 2002. "Temperature and mortality in 11 cities of the eastern United States." *American Journal of Epidemiology* 155, 1: 80–87.

Curtis, Carey, John L. Renne, and Luca Bertolini, eds. 2009. *Transit Oriented Development: Making it Happen.* Farnham, England: Ashgate.

Cutts, Diana Becker, Alan F. Meyers, Maureen M. Black, Patrick H. Casey, Mariana Chilton, John T. Cook, Joni Geppert, Stephanie Ettinger de Cuba, Timothy Heeren, Sharon Coleman, Ruth Rose-Jacobs, and Deborah A. Frank. 2011. "US housing insecurity and the health of very young children." *American Journal of Public Health* 101, 8: 1508–1514.

D'Amato, Gennaro, L. Cecchi, M D'Amato, and G. Liccardi. 2010. "Urban air pollution and climate change as environmental risk factors of respiratory allergy: an update." *Journal of Investigational Allergology and Clinical Immunology* 20, 2: 95–102.

Daigle, Gilles. 1999. *Technical Assessment of the Effectiveness of Noise Walls*. Christchurch, New Zealand: International Institute of Noise Control.

Dallago, Lorenza, Douglas D. Perkins, Massimo Santinello, Will Boyce, Michal Molcho, and Antony Morgan. 2009. "Adolescent place attachment, social capital, and perceived safety: a comparison of 13 countries." *American Journal of Community Psychology* 44, 1–2:148–160.

Dallat, Mary Anne T., Isabelle Soerjomataram, Ruth Hunter, Mark A. Tully, Karen J. Cairns, and Frank Kee. 2014. "Urban greenways have the potential to increase physical activity levels cost-effectively." *The European Journal of Public Health* 24, 2: 190–195.

Dangour, Alan D., Louise Watson, Oliver Cumming, Sophie Boisson, Yan Che, Yael Velleman, Sue Cavill, Elizabeth Allen, and Ricardo Uauy. 2013. "Interventions to improve water quality and supply, sanitation and hygiene practices, and their effects on the nutri tional status of children (Review)." *Cochrane Database of Systematic Reviews* 8(CD009382): 1465–1858.

Darnton, A., J. Elster Jones, K. Lucas, and M. Brooks. 2006. Influencing changes in behaviour: existing evidence to inform environmental leadership—review of theories and models (SD14002). London: Defra. http://randd.defra.gov.uk/Default.aspx?Menu=Menu&Module=More&Location=None&Completed=0&ProjectID=13984#RelatedDocumentsxs.

Davies, Hugh, and Irene Van Kamp. 2012. "Noise and cardiovascular disease: a review of the literature 2008–2011." *Noise & Health* 14:287–291.

Davis, Allen P., William F. Hunt, Robert G. Traver, and Michael Clar. 2009. "Bioretention technology: overview of current practice and future needs." *Journal of Environmental Engineering* 135, 3: 109–117.

Davis, Jennifer R., Scoby Wilson, Amy Brock-Martin, Saundra Glover, and Erik R Svendsen. 2010. The impact of disasters on populations with health and health care disparities. *Disaster Medicine and Public Health Preparedness* 4, 1: 30–38.

Davis, John. 2004. *Psychological Benefits of Nature Experiences: An Outline of Research and Theory*. Boulder, Colo.: Naropa University. www.wildernessguidescouncil.org/sites/default/files/psychological_benefits_of_nature_ Davison, Kirsten K., and Catherine T. Lawson. 2006. "Do attributes in the physical environment influence children's physical activity? A review of the literature." *International Journal of Behavioral Nutrition and Physical Activity* 3, 1: 19.

Davoudi, Simin, Jenny Crawford, and Abid Mehmood, eds. 2009. *Planning for Climate Change: Strategies for Mitigation and Adaptation for Spatial Planners*. London: Earthscan.

de Nazelle, Audrey, Mark J. Nieuwenhuijsen, Josep M. Antó, Michael Brauer, David Briggs, Charlotte Braun-Fahrlander, Nick Cavill, Ashley Cooper, Hélène Desqueyroux, Scott Fruin, Gerard Hoek, Luc Int Panis, Nicole Janssen, Michael Jerrett, Michael Joffe, Zorana Jovanovic Andersen, Elise van Kempen, Simon Kingham, Nadine Kubesch, Kevin M. Leyden, Julian Marshall, Jaume Matamala, Giorgos Mellios, Michelle Mendez, Hala Nassif, David Ogilvie, Rosana Peiró, Katherine Pérez, Ari Rabl, Martina Ragettli, Daniel Rodríguez, David Rojas, Pablo Ruiz, James F. Sallis, Jeroen Terwoert, Jean-François Toussaint, Jouni Tuomisto, Moniek Zuurbier, and Erik Lebret. 2011. "Improving health through policies that promote active travel: A review of evidence to support integrated health impact assessment." *Environment International* 37, 4: 766–77.

De Silva, Mary J., Sharon R. Huttly, Trudy Harpham, and Michael G. Kenward. 2006. "Social capital and mental health: a comparative analysis of four low income countries." *Social Science and Medicine* 64: 5–20.

Department for Environment Food and Rural Affairs (Defra). 2015. Noise Mapping England Website. Online resource. http://services.defra.gov.uk/wps/portal/noise.

Design for Health. 2007a. *Key Questions: Accessibility*. Version 1.0. http://designforhealth.net/wp-content/uploads/2012/02/BCBS_KQAccessibility_071607.pdf.

Design for Health. 2007b. *Planning Information Sheet: Considering Safety through Comprehensive Planning and Ordinances*. Version 2.0. http://www.ca-ilg.org/sites/main/files/file-attachments/resources__bcbs_issafety_082807.pdf.

Design for Health. 2007c. *Preliminary Checklist*. Version 4.0. http://designforhealth.net/hia/hia-preliminary-checklist.

Design for Health. 2008a. *Health Impact Assessment Threshold Analysis*. Version 4.0. http://designforhealth.net/hia/hia-threshold-analysis.

Design for Health. 2008b. *Planning Information Sheet: Building Social Capital with Comprehensive Planning and Ordinances*. Version 1.2. http://designforhealth.net/wpcontent/uploads/2012/12/BCBS_SocCap_0408.pdf.

Design for Health. 2008c. *Rapid Health Impact Assessment Toolkit.* Version 3.0. http://designforhealth.net/hia/hia-rapid-assessment.

Design for Health. 2009. Comprehensive Plan Review Checklists. http://designforhealth.net/resources/legacy/checklists.

D'Hombres, Béatrice, Lorenzo Rocco, Marc Suhrcke, and Martin McKee. 2010. "Does social capital determine health? Evidence from eight transition countries." *Health Economics* 9: 56–74.

Dijkstra, Karin, Marcel Pieterse, and Ad Pruyn. 2006. "Physical environmental stimuli that turn health care facilities into healing environments through psychologically mediated effects: systematic review." *Journal of Advanced Nursing* 56, 2: 166–181.

DiMento, Joseph, and Cliff Ellis. 2013. *Changing Lanes: Visions and Histories of Urban Freeways.* Cambridge, Mass.: MIT Press.

Dimitriou, Harry T., and Ralph Gakenheimer, eds. 2011. *Urban Transport in the Developing World: A Handbook of Policy and Practice.* Cheltenham, U.K.: Edward Elgar Publishing.

Ding, Ding, James F. Sallis, Jacqueline Kerr, Suzanna Lee, and Dori Rosenberg. 2011. "Neighborhood environment and physical activity among youth: a review." *American Journal of Preventative Medicine* 41, 4: 442–455.

Dittmar, Hank, and Gloria Ohland, eds. 2004. *The New Transit Town: Best Practices in Transit-Oriented Development.* Washington, D.C.: Island Press.

Dixon, Tim, Malcolm Eames, Judith Britnell, Georgia Butina Watson, and Miriam Hunt. 2014a. "Urban retrofitting: identifying disruptive and sustaining technologies using performative and foresight techniques." *Technological Forecasting and Social Change* 89: 131–144.

Dixon, Tim, Malcolm Eames, Miriam Hunt, and Simon Lannon. 2014b. *Urban Retrofitting for Sustainability: Mapping the Transition to 2050.* London: Routledge.

Doerksen, Shawna E., Robert W. Motl, and Edward McAuley. 2007. "Environmental correlates of physical activity in multiple sclerosis: a cross-sectional study." *International Journal of Behavioral Nutrition and Physical Activity* 4,1: 49.

Donnell, Eric T., Scott C. Hines, Kevin M. Mahoney, Richard J. Porter, Hugh McGee. 2009. *Speed Concepts: Informational Guide.* Washington, D.C.: Federal Highway Administration. http://safety.fhwa.dot.gov/speedmgt/ref_mats/fhwasa10001.

Doocy, Shannon, Amy Daniels, Anna Dick, and Thomas D. Kirsch. 2013a. "The human impact of tsunamis: a historical review of events 1900–2009 and systematic literature review." *PLoS Currents* 16, 5 Online resource. doi: 10.1371/currents.dis.40f3c5cf61110a0fef2f9a25908cd795.

Doocy, Shannon, Amy Daniels, Catherine Packer, Anna Dick, and Thomas D. Kirsch. 2013 . "The human impact of earthquakes: a historical review of events 1980–2009 and systematic literature review." *PLoS Currents* 16:5. Online resource. doi: 10.1371/currents.dis.67bd14fe457f1db0b5433a8ee20fb833.

Douglas, Ian, Kurshid Alam, MaryAnne Maghenda, Yasmin Mcdonnell, Louise McLean, and Jack Campbell. 2008. "Unjust waters: climate change, flooding and the urban poor in Africa." *Environment and Urbanization* 20, 1: 187–205.

Drewnowski, Adam, Anju Aggarwal, Philip M. Hurvitz, Pablo Monsivais, and Anne V. Moudon. 2012. "Obesity and supermarket access: proximity or price?" *American Journal of Public Health* 102, 8: e74-e80.

Drewnowski, Adam. 2010. "The cost of U.S. foods as related to their nutritive value." *American Journal of Clinical Nutrition* 92: 1181–1188.

Duncan, Mitch J., John C. Spence, and W. Kerry Mummery. 2005. "Perceived environment and physical activity: a meta-analysis of selected environmental characteristics." *International Journal of Behavioral Nutrition and Physical Activity* 2:11. Online resource. doi:10.1186/1479-5868-2-11.

Dzhambov, Angel Mario, and Donka Dimitrova Dimitrova. 2014. "Urban green spaces' effectiveness as a psychological buffer for the negative health impact of noise pollution: a systematic review." *Noise and Health* 16, 70: 157.

Ebreo, Angela, and Joanne Vining. 2001. "How similar are recycling and waste reduction? Future orientation and reasons for reducing waste as predictors of self-reported behavior." *Environment and Behavior* 33, 3: 424–448.

Elgar, Frank J., Christopher G. Davis, Michael J. Wohl, Stephen J. Trites, John M. Zelenski, and Michael S. Martin. 2011. "Social capital, health and life satisfaction in 50 countries." *Health and Place* 17: 1044–1053.

Ellen, Ingrid, Tod Mijanovich and Keri-Nicole Dillman. 2001. "Neighborhood effects on health: exploring the links and assessing the evidence." *Journal of Urban Affairs* 23, 3–4: 391–408.

Ely, John W., Jerome A. Osheroff, Mark H. Ebell, M. Lee Chambliss, Daniel C. Vinson, James J. Stevermer, and Eric A. Pifer. 2002. "Obstacles to answering doctors' questions about patient care with evidence: qualitative study." *British Medical Journal* 324: 710–717.

Engelman, Robert, and Pamela LeRoy. 1993. *Sustaining Water: Population and the Future of Renewable Water Supplies.* Washington, D.C.: Population and Environment Program, Population Action International.

European Institute for Design and Disability (EIDD). 2004. *The EIDD Stockholm Declaration.* Stockholm: European Institute for Design and Disability. Online resource. http://dfaeurope.eu/what-is-dfa/dfadocuments/the-eidd-stockholm-declaration-2004.

Evans, Gary W. 2003. "The built environment and mental health." *Journal of Urban Health* 80, 4: 536–555.

Evans, Gary W., Nancy M. Wells, and Annie Moch. 2003. "Housing and mental health: a review of the evidence and a methodological and conceptual critique." *Journal of Social Issues* 59, 3: 475–500.

Ewing, Reid, and Eric Dumbaugh. 2009. "The built environment and traffic safety: a review of empirical evidence." *Journal of Planning Literature* 23, 4: 347–367.

Ewing, Reid, and Keith Bartholomew. 2013. *Pedestrian- and Transit-Oriented Design.* Washington, D.C.: Urban Land Institute.

Ewing, Reid, and Robert Cervero. 2010. "Travel and the built environment: a meta-analysis." *Journal of the American Planning Association* 76, 3: 265–294.

Ewing, Reid, and Robert Cervero. 2001. "Travel and the built environment: a synthesis." *Transportation Research Record* 1780: 87–114.

Ewing, Reid, William Schroeer, and William Greene. 2004. "School location and student travel analysis of factors affecting mode choice" *Transportation Research Record* 1895: 55–63.

Falbo, Nick. 2014. "*Protected Intersections for Bicyclists.*" Vimeo video, 5:58. Online resource. www.protectedintersection.com/wp-content/uploads/2014/02/Falbo_ProtectedIntersection_Transcript1.pdf.

Faulkner, Guy E.J., Ron N. Buliung, Parminder K. Flora, and Caroline Fusco. 2009. "Active school transport, physical activity levels and body weight of children and youth: A systematic review." *Preventive Medicine* 48: 3–8.

Federal Highway Administration (FHWA). 2005. *Safety Effects of Marked Versus Unmarked Crosswalks at Uncontrolled Locations.* McClean, Va.: U.S. Department of Transportation. www.fhwa.dot.gov/publications/research/safety/04100/04100.pdf.

Federal Highway Administration (FHWA). 2012. *Methods and Practices for Setting Speed Limits: An Informational Report (FHWA-SA-12-004).* Washington, D.C.: Federal Highway Administration. http://safety.fhwa.dot.gov/speedmgt/ref_mats/fhwasa12004/fhwasa12004.pdf.

Federal Highway Administration (FHWA). 2014. *Proven Safety Countermeasures: Medians and Pedestrian Crossing Islands in Urban and Suburban Areas (FHWA-SA-12-011).* McClean, Va.: U.S. Department of Transportation. http://safety.fhwa.dot.gov/proven-countermeasures/fhwa_sa_12_011.pdf.

Federal Highway Administration (FWHA). 2001. *Keeping the Noise Down: Highway Traffic Noise Barriers.* Washington, D.C.: Federal Highway Administration. www.fhwa.dot.gov/environment/noise/noise_barriers/design_construction/keepdown.pdf.

Federal Highway Administration (FWHA). 2011. *The Audible Landscape.* Online resource. U.S. Department of Transportation. www.fhwa.dot.gov/environment/noise/noise_compatible_planning/federal_approach/audible_landscape/al04.cfm.

Fink, Gunther, Isabel Gunther, and Kenneth Hill. 2011. The effect of water and sanitation on child health: evidence from the demographic and health surveys 1986–2007. *International Journal of Epidemiology* 40: 1196–1204.

Flink, Charles A., and Robert M. Searns. 1993. *Greenways: A Guide to Planning, Design, and Development.* Washington, D.C.: Island Press.

Fjeld, Tove, Bo Veiersted, Leiv Sandvik, Geir Riise, and Finn Levy. 1998. The effect of indoor foliage plant on health and discomfort symptoms among offic workers. *Indoor and Built Environment* 7, 4: 204–209.

Fleischhacker, S. E., K.R Evenson, D.A. Rodriguez, and A.S. Ammerman. 2011. A systematic review of fast food access studies. *Obesity* 12: e460–e71.

Fleming, Ronald Lee. 2007. *The Art of Placemaking: Interpreting Community Thorough Public Art and Urban Design.* London: Merrel.

Food and Agriculture Organization (FAO). 2015. 1.3. *Definition of Policy.* Online resource. www.fao.org/wairdocs/ilri/x5547e/x5547e05.htm.

Foord, Jo. 2010. "Mixed-use tradeoffs: how to live and work in a compact city neighbourhood." *Built Environment* 36, 1: 47–62
Forrest, Ray, and Ade Kearns. 2001. "Social cohesion, social capital and the neighbourhood." *Urban Studies* 38, 12: 2125–2143.
Forsyth, Ann. 2005a. "Density." In *Encyclopedia of the City*, ed. R. Caves. New York: Routledge.
Forsyth, Ann. 2005b. *Reforming Suburbia: The Planned Communities of Irvine, Columbia, and The Woodlands.* Berkeley: University of California Press.
Forsyth, Ann. 2012. "Defining suburbs " *Journal of Planning Literature* 27, 3: 270–281.
Forsyth, Ann. 2014. "Global suburbs and the transition century: physical suburbs in the long term." *Urban Design International* 19, 4: 259–273.
Forsyth, Ann. 2015a. "Holistic Planning." *Harvard Design Magazine* 40: 7.
Forsyth Ann. 2015b. "What is a Walkable Place? The Walkability Debate in Urban Design." *Urban Design International* 20, 4: 274-292.
Forsyth, Ann, and Laura Musacchio. 2005. *Designing Small Parks: A Manual for Addressing Social and Ecological Concerns.* Hoboken, N.J.: Wiley.
Forsyth, Ann, and Katherine Crewe. 2009. "New visions for suburbia: reassessing aesthetics and place-making in modernism, imageability, and new urbanism." *Journal of Urban Design* 14, 4: 415–438.
Forsyth, Ann, and Krizek, Kevin. 2010. "Promoting walking and bicycling: assessing the evidence to assist planners. "*Built Environment* 36, 4: 429–446.
Forsyth, Ann, and Krizek, Kevin. 2011. "Urban design: is there a distinctive view from the bicycle?" *Journal of Urban Design* 16, 4: 531–549.
Forsyth, Ann, Leslie Lytle, and David Van Riper. 2010a. "Finding food: issues and challenges in using Geographic Information Systems to measure food access." *Journal of Transport and Land Use* 3, 1: 43–65.
Forsyth Ann, Carissa Schively Slotterback, and Kevin Krizek. 2010b. "Health impact assessments in planning: development and testing of the design for health HIA tools." *Environmental Impact Assessment Review* 30: 42–51.
Forsyth Ann, Carissa Schively Slotterback, and Kevin Krizek. 2010c. "Health impact assessment for planners: What tools are useful?" *Journal of Planning Literature* 24, 3: 231–245.
Forsyth Ann, David Van Riper, Nciole Larson, Melanie Wall, Dianne Neumark-Sztainer. 2012. "Creating a replicable, cross-platform buffering technique: The sausage network buffer for measuring food and physical activity built environments." *International Journal of Health Geographics* 11:14. Online only: www.ij-healthgeographics.com/content/11/1/14.
Forsyth Ann, Charles Brennan, Nelida Escobedo, and Margaret Scott. 2015. *Revitalizing Places: Improving Housing and Neighborhoods from Block to Metropolis.* Cambridge, Mass.: Harvard Graduate School of Design.
Fortney, John C., James F. Burgess, Hayden B. Bosworth, Brenda M. Booth, and Peter J. Kaboli. 2011. "A re-conceptualization of access for 21st century health care." *Journal of General Internal Medicine* 26, 2: 639–647.
Foster, Sarah, and Billie Giles-Corti. 2008. "The built environment, neighborhood crime and constrained physical activity: an exploration of inconsistent findings " *Preventive Medicine* 47, 3: 241–251.
Frank, Lawrence Frank, and Chris Hawkins. 2008. *Giving Pedestrians an Edge—Using Street Layout to Influence Transportation Choice.* Ottawa: Canada Mortgage and Housing Corporation. www.cmhcschl.gc.ca/odpub/pdf/66086.pdf.
Fried, Linda P., Michelle C. Carlson, Marc Freedman, Kevin D. Frick, Thomas A. Glass, Joel Hill, Sylvia McGil, George W. Rebok, Teresa Seeman, James Tielsch, Barbara A. Wasik, and Scott Zeger. 2004. "A social model for health promotion for an aging population: initial evidence on the experience corps model." *Journal of Urban Health* 81,1:64–78.
Fritschi, Lin, Lex Brown, Rokho Kim, Dietrich Schwela, and Stelios Kephalopolous, eds. 2011. *Burden of Disease From Environmental Noise: Quantification of Healthy Life Years Lost in Europe.* Geneva: World Health Organization. www.who.int/quantifyingehimpacts/publications/e94888/en/.
Frost, Stephanie S., R. Turner Goins, Rebecca H. Hunter, Steven P. Hooker, Lucinda L. Bryant, Judy Kruger, and Delores Pluto. 2010. "Effects of the built environment on physical activity of adults living in rural settings." *American Journal of Health Promotion* 24, 4: 267–283.
Frumkin, Howard. 2003. "Healthy places: exploring the evidence." *American Journal of Public Health* 93, 9: 1451–1456.
Gaber, John, and Sharon Gaber. 2007. *Qualitative Analysis for Planning and Policy: Beyond the Numbers.* Chicago: APA Planners Press.
Galea, Sandro, Craig Hadley, and Sasha Rudenstine. 2006. "Social context and the health consequences of

disasters." *American Journal of Disaster Medicine* 1, 1: 37–47.

Gan, Wen Qi, Hugh W. Davies, Mieke Koehoorn, and Michael Brauer. 2012. "Association of long-term exposure to community noise and traffic-related air pollution with coronary heart disease mortality." *American Journal of Epidemiology* 175, 9: 898-906.

Gao, Qin, Daniel Ebert, Xing Chen and Yao Ding. 2012. "Design of a mobile social community platform for older Chinese people in urban areas." *Human Factors and Ergonomics in Manufacturing and Service Industries* 25, 1: 66–89.

Gasparini, Paolo, Gaetano Manfredi, Domenico Asprone, eds. 2014. *Resilience and Sustainability in Relation to Natural Disasters: A Challenge for Future Cities.* Heidelberg, Germany: Springer.

Gasperi, Johnny, Marie-Christine Gromaire, M. Kafi, R. Moilleron, and Ghassan Chebbo. 2010. "Contributions of wastewater, runoff and sewer deposit erosion to wet weather pollutant loads in combined sewer systems." *Water Research* 44, 20: 5875–5886.

Gibson, Marcia, Mark Petticrew, Clare Bambra, Amanda J. Sowden, Kath E. Wright, and Margaret Whitehead. 2011. "Housing and health inequalities: a synthesis of systematic reviews of interventions aimed at different pathways linking housing and health." *Health & Place* 17, 1: 175–184.

Giles-Corti, Billie, Sally F. Kelty, Stephen R. Zubrick, and Karen P. Villanueva. 2009. "Encouraging walking for transport and physical activity in children and adolescents. How important is the built environment?" *Sports Medicine* 39, 12: 995–1009.

Gill, Indermit, and Chor-Ching Goh. 2009. "Scale economies and cities." *The World Bank Research Observer* 25: 235–262.

Gobster, Paul H. 2002. "Managing urban parks for a racially and ethnically diverse clientele." *Leisure Sciences*, 24: 143–59.

Godschalk, D.R. 2003. "Urban hazard mitigation: Creating resilient cities." *Natural Hazards Review* 4, 3: 136–143.

Google Earth Pro. 2015. New York. Map. 1:2,000.

Goonetilleke, Ashantha, Evan Thomas, Simon Ginn, and Dale Gilbert. 2005. "Understanding the role of land use in urban stormwater quality management." *Journal of Environmental management* 74, 1: 31–42.

Government of Hong Kong's Environmental Protection Department (EPD). 2015. *Innovative Noise Mitigation Designs and Measures.* Online resource. www.epd.gov.hk/epd/Innovative/greeny/eng/index.html.

Grahn, P., and U.K. Stigsdotter. 2010. "The relation between perceived sensory dimensions of urban green space and stress restoration." *Landscape and Urban Planning* 94, 3–4: 264–275.

Grant, Jill. 2002. "Mixed use in theory and practice: Canadian experience with implementing a planning principle." *Journal of the American Planning Association* 68, 1: 71–84.

Gray, Jennifer A., Jennifer L. Zimmerman, and James H. Rimmer. 2012. "Built environment instruments for walkability, bikeability, and recreation: Disability and universal design relevant?" *Disability and Health Journal* 5: 87–101.

Green, Geoff. 2012. Age-friendly cities of Europe." *Journal of Urban Health: Bulletin of the New York Academy of Medicine* 90,1: S116–S128.

Green, Geoff. 2013. Age-friendly cities of Europe." *Journal of Urban Health* 90, 1: 116–128.

Grimble, Michael, Gary S. Danford, and David M. Schoell. 2010. *Design Resources: DR-12. The Effectiveness of Universal Design: Case Study Demonstrations.* Buffalo, N.Y.: University of Buffalo, Center for Inclusive Design and Environmental Access. http://udeworld.com/documents/designresources/pdfs/The Effectiveness of Universal Design Case Study Demon-strations.pdf.

Grootaert, Christiaan, and Thierry van Bastelaer. 2001. *Understanding and Measuring Social Capital: A Synthesis of Findings And Recommendations from the Social Capital Initiative.* Washington, D.C.: The World Bank Social Development Department. http://siteresources.worldbank.org/INTSOCIALCAPITAL/Resources/Social-Capital-Initiative-Working-Paper-Series/SCI-WPS-24.pdf.

Grootaert, Christiaan, and Thierry Van Bastelaer. 2002. *The Role of Social Capital in Development: An Empirical Assessment.* New York: Cambridge University Press.

Guerra, Erick, and Robert Cervero. 2011. "Cost of a ride: the effects of densities on fixed-guideway transit ridership and costs." *Journal of the American Planning Association* 77, 3: 267–290.

Guha-Sapir Debby, Ph. Hoyois, Regina Below. 2015. *EM-DAT: The CRED/OFDA International Disaster Database.* Online resource. Brussels: Université Catholique de Louvain. www.emdat.be/database.

Guha-Sapir, Debby, Femke Vos, Regina Below, and Sylvain Ponserre. 2013. *Annual Disaster Statistical Review 2012: The Numbers and Trends.* Brussels: CRED. www.cred.be/sites/default/files/ADSR_2012.pdf.

Hajat, Shakoor, and Tom Kosatky. 2009. "Heat-related mortality: a review and exploration of heterogeneity." *Journal Epidemiology Community Health* 64:753–760.
Haller, Laurence, Guy Hutton, and Jamie Bartram. 2007. "Estimating the costs and health benefits of water and sanitation improvements at global level." *Journal of Water and Health* 5, 4: 467–480.
Hamer, Paul. 2010. "Analysing the effectiveness of park and ride as a generator of public transport mode shift." *Road & Transport Research* 19, 1: 51–61.
Hammersley, Martyn. 2005. "Is the evidence-based practice movement doing more good than harm? reflections on Iain Chalmers' case for research-based policy making and practice." *Evidence and Policy* 1, 1, 85–100.
Hancock, Trevor, and Meredith Minkler. 2005. "Community Health Assessment or Healthy Community Assessment: Whose Community? Whose Health? Whose Assessment?" n *Community Organizing and Community Building for Health*, ed. Meredith Minkler, 138–157. Piscataway, N.J.: Rutgers University Press.
Hand, Carri, Mary Law, Steven Hanna, Susan Elliott, and Mary Ann McColl. 2012. "Neighbourhood influences on participation in activities among older adults with chronic health conditions." *Health & Place* 18, 4: 869–876.
Harnick, Peter. 2006. "The excellent city park system: what makes it great and how to get there." In *The Humane Metropolis: People and Nature in the Twenty-first Century City*, ed. Rutherford, H. Platt, 47–60. Amherst: University of Massachusetts Press.
Harris, P., Harris-Roxas, B., Harris, E., & Kemp, L. 2007. *Health Impact Assessment: A Practical Guide*. Sydney: Centre for Health Equity Training, Research and Evaluation (CHETRE). http://hiaconnect.edu.au/wp-content/ uploads/2012/05/Health_Impact_Assessment_A_ Practical_Guide.pdf.
Hartig, Terry, Gary W. Evans, Larry D. Jamner, Deborah S. Davis, and Tommy Gärling. 2003. "Tracking restoration in natural and urban field settings " *Journal of Environmental Psychology* 23: 109–123.
Hartig, Terry, Marlis Mang, and Gary W. Evans. 1991. "Restorative effects of natural environment experiences." *Environment and Behavior* 23, 1: 3–26.
Harville, E. W., Xu Xiong, and Pierre Buekens. 2010. "Disasters and perinatal health: a systematic review." *Obstetrical and Gynecological Survey* 65, 11: 7–1.
Health and Places Initiative (HAPI). 2014o. *Health and Places Initiative Research Brief Series*. Cambridge, Mass.: Harvard Graduate School of Design. http://research.gsd.harvard.edu/hapi/research/research briefs.
Health and Places Initiative (HAPI). 2014a. *Food Options, Health and Place. A Research Brief.* Version 1.0. Cambridge, Mass.: Harvard Graduate School of Design. http://research.gsd.harvard.edu/hapi/research/research briefs/food options.
Health and Places Initiative (HAPI). 2014b. *Housing, Health, and Place. A Research Brief.* Version 1.0. Cambridge, Mass.: Harvard Graduate School of Design. http://research.gsd.harvard.edu/hapi/research/research briefs/housing.
Health and Places Initiative (HAPI). 2014c. *Mobility, Universal Design, Health, and Place. A Research Brief.* Version 1.0. Cambridge, Mass.: Harvard Graduate School of Design. http://research.gsd.harvard.edu/hapi/research/research briefs/mobility and universal design.
Health and Places Initiative (HAPI). 2014d. *Noise, Health, and Place. A Research Brief.* Version 1.0. Cambridge, Mass.: Harvard Graduate School of Design. http://research.gsd.harvard.edu/hapi/research/research briefs/noise.
Health and Places Initiative (HAPI). 2014e. *Social Capital, Health, and Place. A Research Brief.* Version 1.0. Cambridge, Mass.: Harvard Graduate School of Design. http://research.gsd.harvard.edu/hapi/research/research briefs/social capital.
Health and Places Initiative (HAPI). 2014f. *Toxics, Health, and Place. A Research Brief.* Version 1.0. Cambridge, Mass.: Harvard Graduate School of Design. http://research.gsd.harvard.edu/hapi/research/research-briefs/toxics.
Health and Places Initiative (HAPI). 2014g. *Access to Community Resources, Health, and Place. A Research Brief.* Version 1.0. Cambridge, Mass.: Harvard Graduate School of Design. http://research.gsd.harvard.edu/hapi/research/research briefs/accessibility.
Health and Places Initiative (HAPI). 2014h. *Mental Health, Health, and Place. A Research Brief.* Version 1.0. Cambridge, Mass.: Harvard Graduate School of Design. http://research.gsd.harvard.edu/hapi/research/research briefs/mental health.
Health and Places Initiative (HAPI). 2014i. *Physical Activity, Health, and Place. A Research Brief.* Version 1.0. Cambridge, Mass.: Harvard Graduate School of Design. http://research.gsd.harvard.edu/hapi/research/research briefs/physical activity.

Health and Places Initiative (HAPI). 2014j. *Physiology and Psychology of Aging, Health, and Place. A Research Brief.* Version 1.0. Cambridge, Mass.: Harvard Graduate School of Design. http://research.gsd.harvard.edu/hapi/physiology-and-psychology-of-aging.

Health and Places Initiative (HAPI). 2014k. *Water Quality, Health, and Place. A Research Brief.* Version 1.0. Cambridge, Mass.: Harvard Graduate School of Design. http://research.gsd.harvard.edu/hapi/research/research briefs/water-quality.

Health and Place Initiative (HAPI). 2014l. *Air Quality, Health, and Place. A Research Brief.* Version 1.0. Cambridge, Mass.: Harvard Graduate School of Design. http://research.gsd.harvard.edu/hapi/research/research-briefs/air-quality.

Health and Place Initiative (HAPI). 2014m. *Disasters, Health, and Place. A Research Brief.* Version 1.0. Cambridge, Mass.: Harvard Graduate School of Design. http://research.gsd.harvard.edu/hapi/research/research briefs/disasters.

Health and Place Initiative (HAPI). 2014n. *Safety, Health, and Place. A Research Brief.* Version 1.0. Cambridge, Mass.: Harvard Graduate School of Design. http://research.gsd.harvard.edu/hapi/research/research briefs/safety.

Health and Places Initiative (HAPI). 2015a. *Health Assessment Tool 1. Screening Survey of Health in Place (SSHIP).* Version 1.2. Cambridge, Mass.: Harvard Graduate School of Design. http://research.gsd.harvard.edu/hapi/research/health-impact-assessment tools.

Health and Places Initiative (HAPI). 2015b *Health Assessment Tool 2. Health Opportunity Checklist (HOC).* Version 1.2. Cambridge, Mass.: Harvard Graduate School of Design. http://research.gsd.harvard.edu/hapi/research/health-impact-assessment tools.

Health and Places Initiative (HAPI). 2015c. *Health Assessment Tool 3. HAPI Health Assessment Workshop.* Version 1.2. Cambridge, Mass.: Harvard Graduate School of Design. http://research.gsd.harvard.edu/hapi/research/health-impact-assessment tools.

Health and Places Initiative (HAPI). 2015d. *How to Guide: Health Assessment Tool 1. Screening Survey of Health in Place (SSHIP).* Version 1.1. Cambridge, Mass.: Harvard Graduate School of Design. http://research.gsd.harvard.edu/hapi/research/health-impact-assessment tools.

Health and Places Initiative (HAPI). 2015e. *How to Guide: Health Assessment Tool 2: Health Opportunity Checklist (HOC).* Version 1.2. Cambridge, Mass.: Harvard Graduate School of Design. http://research.gsd.harvard.edu/hapi/research/health-impact-assessment-tools.

Health and Places Initiative (HAPI). 2015f. *How to Guide: Health Assessment Tool 3: HAPI Health Assessment Workshop.* Version 1.2. Cambridge, Mass.: Harvard Graduate School of Design. http://research.gsd.harvard.edu/hapi/research/health-impact-assessment tools.http://research.gsd.harvard.edu/hapi/research/health-impact assessment-tools.

Heerwagen, Judith. 2009. Biophilia, health and well-being. In *Restorative Commons: Creating Health and Well-being through Urban Landscapes,* ed. Lindsay Campbell and Anne Wiesen, 39–57. Newtown Square, Pa.: U.S. Department of Agriculture, Forest Service, Northern Research Station. www.nrs.fs.fed.us/pubs/gtr/gtr_nrs-p-39r.pdf.

Heerwagen, Judith ,and Bert Gregory. 2011. "Biophilia and Sensory Aesthetics." In *Biophilic Design: The Theory, Science and Practice of Bringing Buildings to Life,* ed. Stephen R. Kellert, Judith Heerwagen, and Martin Mador, 227–241. San Francisco: John Wiley & Sons.

Heerwagen, Judith H., and Gordon H. Orians. 2002. "The ecological world of children." In *Children and Nature: Psychological, Sociocultural, and Evolutionary Investigations,* ed. P.H.J. Kahn and S.R. Kellert, 29–64. Cambridge, Mass.: MIT Press.

Hilaire, Rolston St, Michael A. Arnold, Don C. Wilkerson, Dale A. Devitt, Brian H. Hurd, Bruce J. Lesikar, Virginia I. Lohr, Chris A. Martin, Garry V. McDonald, Robert L. Morris, Dennis R. Pittenger, David A. Shaw, David F. Zoldoske. 2008. "Efficient water use in residential urban landscapes." *HortScience* 43, 7: 2081–2092.

Hitchins, Jane, Lidia Morawska, R. Wolff, and Dale Gilbert. 2000. "Concentrations of submicrometre particles from vehicle emissions near a major road." *Atmospheric Environment* 34, 1: 51–59.

Hull, R.B., and Sean E. Michael. 1995. "Nature-based recreation, mood change, and stress restoration." *Leisure Sciences* 17, 1: 1–14.

Humpel, Nancy, Neville Owen, and Eva Leslie. 2002. "Environmental factors associated with adults' participation in physical activity: a review." *American Journal of Preventative Medicine* 22, 3: 188–199.

Hunter, Paul R., Alan M. MacDonald, and Richard C. Carter. 2010. "Water supply and health." *PLoS Med* 7, 11: e1000361. Online resource. doi:10.1371/journal.pmed.1000361.

Huss, Anke, Adrian Spoerri, Matthias Egger, Martin Röösli, and Swiss National Cohort Study Group. 2010. "Aircraft noise, air pollution, and mortality from myocardial infarction." *Epidemiology* 21, 6 : 829–836.

Hvitved-Jacobsen, Thorkild, Jes Vollertsen, and Asbjorn Haaning Nielsen. 2010. *Urban and Highway Stormwater Pollution: Concepts and Engineering*. Boca Raton, Fla.: CRC Press.

Iacono, Michael, Kevin Krizek, and Ahmed El-Geneidy. 2008. *Access to Destinations: How Close is Close Enough? Estimating Accurate Distance Decay Functions for Multiple Modes and Different Purposes*. St. Paul: Minnesota Department of Transportation.

Intergovernmental Panel on Climate Change (IPCC). 2012. "Summary for Policymakers." In *Managing the Risks of Extreme Events and Disasters to Advance Climate Change Adaptation,* ed. Christopher B. Field, Vicente Barros, Thomas F. Stocker, Qin Dahe, David Jon Dokken, Gian-Kasper Plattner, Kristie L. Ebi, Simon K. Allen, Michael D. Mastrandrea, Melinda Tignor, Katharine J. Mach, Pauline M. Midgley, 1–19. Cambridge, U.K.: Cambridge University Press.

Isenberg, Joan Packer, and Nancy Quisenberry. 2002. "A position paper of the Association for Childhood Education International PLAY: Essential for all Children." *Childhood Education* 79, 1: 33–39.

Ison, E. 2013. "Health impact assessment in a network of European cities." *Journal of Urban Health* 90, 1s1: 105–115.

Jackman, R.W. 2001. "Social capital." In *International Encyclopedia of Social and Behavioral Sciences*, ed. Neil J. Smelser, Paul B. Baltes,14216–14219. Amsterdam: Elsevier.

Jacobs, David E. 2011. "Environmental health disparities in housing." *American Journal of Public Health* 101, S1: S115–S122.

Jacobs, Jane. 1961. *The Death and Life of Great American Cities*. NY: Vintage Books.

Jacobson, Carol R. 2011. "Identification and quantification of the hydrological impacts of imperviousness in urban catchments: a review." *Journal of Environmental Management* 92, 6: 1438–1448.

Jacobson, Justin, and Ann Forsyth. 2008. "Seven American TODs: good practices for urban design in transit-oriented development projects." *Journal of Transport and Land Use* 1, 2: 51–88.

Jasper, Christian, Thanh-Tam Le, and Jamie Bartram. 2012. "Water and sanitation in schools: a systematic review of the health and educational outcomes." *International Journal of Environmental Research and Public Health* 9, 8: 2772–87.

Joffe, Helene, Tiziana Rossetto, and John Adams eds. 2013. *Cities at Risk: Living with Perils in the 21st Century. Advances in Natural and Technological Hazards Research* Vol. 33 Dortrecht: Springer Science & Business Media.

Johnson, Ron, Derek Gregory, and David Smith, eds. 1994. *The Dictionary of Human Geography*. Oxford: Blackwell Reference.

Kaplan, Rachel, and Stephen Kaplan. 1989. *The Experience of Nature: A Psychological Perspective*. Cambridge, U.K.: Cambridge University Press.

Kaufman, Martin M., and Matthew Wurtz. 1997. Hydraulic and economic benefits of dwnspout diversion. *Journal of the American Water Resources Association* 6,3: 491–497.

Kawachi, Ichiro, Bruce P. Kennedy, and Roberta Glass. 1999. "Social capital and self-rated health: a contextual analysis."*American Journal of Public Health* 89, 8: 1187–1193.

Kawachi, Ichiro, Soshi Takao, and S.V. Subramanian, eds. 2013. *Global Perspectives on Social Capital and Health*. New York: Springer.

Kellert, Stephen R., Judith Heerwagen, and Martin Mador, eds. 2011. *Biophilic Design: The Theory, Science and Practice of Bringing Buildings to Life*. San Francisco: John Wiley & Sons.

Kemm, John. 2013. *Health Impact Assessment: Past Achievement, Current Understanding, and Future Progress*. Oxford: Oxford University Press.

Kemp, René, Derk Loorbach, and Jan Rotmans. 2007. "Transition management as a model for managing processes of co-evolution towards sustainable development." *International Journal of Sustainable Development* & *World Ecology* 14, 1: 78–9.

Kidokoro, Tetsuo, Junichiro Okata, Shuichi Matsumura, and Norihisa Shima, eds. 2008. *Vulnerable Cities: Realities, Innovations, and Strategies. cSURUT: Library for Sustainable Urban Regeneration*. Vol. 8. Hicom, Japan: Springer Science & Business Media.

Kim, D., S.V. Subramanian, and I. Kawachi. 2006. "Bonding versus bridging social capital and their associations with self rated health: a multilevel analysis of 40 US communities." *Journal of Epidemiology and Community Health* 60: 116–122.

Kimbrough, William, Vanessa Saliba, Maysoon Dahab, Christopher Haskew, and Francesco Checchi. 2012. "The burden of tuberculosis in crisis-affected populations: a systematic review. "*The Lancet Infectious Diseases* 12, 12: 950–965.

Koepsell, Thomas, Lon McCloskey, Marsha Wolf, Anne Vernez Moudon, David Buchner, Jess Kraus, and Matthew Patterson. 2002. "Crosswalk markers and the risk of pedestrian-motor vehicle collisions in older pedestrians." *Journal of the American Medical Association* 288, 17: 2136–2143.

Koohsari, Mohammad Javad, Suzanne Mavoa, Karen Villianueva, Takemi Sugiyama, Hannah Badland, Andrew T. Kaczynski, Neville Owen, and Billie Giles-Corti. 2015. "Public open space, physical activity, urban design and public health: concepts, methods and research agenda." *Health & Place* 33: 75–82.

Kose, Satoshi. 1998. "From barrier-free to universal design: an international perspective." *Assistive Technology* 10, 1: 44–50.

Kovats, R. Sari, and Shakoor Hajat. 2008. "Heat stress and public health: a critical review." *The Annual Review of Public Health* 29:41–55.

Krieger, Martin. 2011. *Urban Tomographies*. Philadelphia: Penn Press.

Krizek, Kevin, Ann Forsyth, and Clarissa Shively Slotterback. 2009b. "Is there a role for evidence-based practice in urban planning and policy?" *Journal of Planning Theory and Practice* 10, 4: 455–474.

Krizek, Kevin, Ann Forsyth, and Laura Baum. 2009a. *Walking and Cycling International Literature Review*. Melbourne, Australia: Victoria Department of Transport.

Kronaveter, Lea, Uri Shamir, and Avner Kessler. 2001. "Water-sensitive urban planning: modeling on-site infiltration " *Journal of Water Resources Planning and Management* 127, 2: 78–88.

Kuo, Frances E., and Andrea Faber Taylor. 2004. "A potential natural treatment for Attention-Deficit/Hyperactivity Disorder: evidence from a national study." *American Journal of Public Health* 94, 9: 1580.

Kurian, Joseph. 2006. "Stakeholder participation for sustainable waste management." *Habitat International* 30, 4: 863–871.

Lancaster, Christie A., Katherine J. Gold, Heather A. Flynn, Harim Yoo, Sheila M. Marcus, and Matthew M. Davis. 2010. "Risk factors for depressive symptoms during pregnancy: A systematic review." *American Journal of Obstetric Gynecology* 202, 1: 5–14.

Laumbach, Robert, and Howard Kipen. 2012. "Respiratory health effects of air pollution: update on biomass smoke and traffic pollution " *Clinical Reviews in Allergy and Immunology* 129: 3–11.

Lee, Hyung-Sook, Mardelle Shepley, and Chang-Shan Huang. 2009. "Evaluation of off-leash dog parks in Texas and Florida: A study of use patterns, user satisfaction, and perception." *Landscape and Urban Planning* 92, 3: 314–324.

Levine, Jonathan, Joe Grengs, Qingyun Shen, and Qing Shen. 2012. "Does accessibility require density or speed? a comparison of fast versus close in getting where you want to go in U.S. metropolitan regions." *Journal of the American Planning Association* 78, 2: 157–172.

Leyden, Kevin M., Abraham Goldberg, and Philip Michelbach. 2011. "Understanding the pursuit of happiness in ten major cities." *Urban Affairs Review* 47, 6: 861–888.

Li, Yue, Jennifer Anna Hsu, and Geoff Fernie. 2012. "Aging and the use of pedestrian facilities in winter—the need for improved design and better technology." *Journal of Urban Health: Bulletin of the New York Academy of Medicine* 90, 4: 602–617.

Lindholm, Maria. 2010. "A sustainable perspective on urban freight transport: factors affecting local authorities in the planning procedures." *Procedia-Social and Behavioral Sciences* 2, 3: 6205–6216.

Litman, Todd. 2014. *Evaluating Complete Streets: The Value of Designing Roads for Diverse Modes, Users and Activities*. Victoria, B.C.: Victoria Transport Policy Institute. www.vtpi.org/compstr.pdf.

Litman, Todd, and Steven Fitzroy. 2015. *Safe Travels: Evaluating Mobility Management Traffic Safety Impacts*. Victoria, B.C.: Victoria Transport Policy Institute. www.vtpi.org/safetrav.pdf.

Lofors, Jonas, and Kristina Sundquist. 2007. "Low-linking social capital as a predictor of mental disorders: a cohort study of 4.5 million Swedes." *Social Science & Medicine* 64:21–34.

Lohr, Virginia I., Caroline H. Pearson-Mims, and Georgia K. Goodwin. 1996. "Interior plants may improve worker productivity and reduce stress in a windowless environment." *Journal of Environmental Horticulture* 14, 97–100.

Lorenc, Theo, tephen Clayton, David Neary, Margaret Whitehead, Mark Petticrew, Hilary Thomson, Steven Cummins, Amanda Sowden, and Adrisan Renton. 2012. "Crime, fear of crime, environment, and mental health and wellbeing: mapping review of theories and causal pathways." *Health & Place* 18, 4: 757–765.

Lovasi, Gina S., Malo A. Hutson, Monica Guerra, and Kathryn M. Neckerman. 2009. "Built environments and obesity in disadvantaged populations." *Epidemiologic Reviews* 31: 7–20.

Lovegrove, Gordon R., and Tarek Sayed. 2006a. "Macro-level collision prediction models for evaluating neighbourhood traffic safety." *Canadian Journal of Civil Engineering* 33, 5:609–621.

Lovegrove, Gordon R., and Tarek Sayed. 2006b. "Using macro-level collision prediction models in road safety planning applications." *Transportation Research Record* 1950: 73–82.

Lubell, Jeffery, Rebecca Morley, M. Ashe, and L. Merola. 2010. *Housing and Health: New Opportunities for Dialogue and Action.* Columbia, Md.: National Center for Healthy Housing. www.changelabsolutions.org/sites/default/files/Health%20%20Housing%20New%20Opportunities.

Lubell, Jeffery. 2014. "Filling the Void between Homeownership and Rental Housing: A Case for Expanding the Use of Shared Equity Homeownership." In *Homeownership Built to Last*, ed. Eric Belsky, Christopher Hebert, and Jennifer Molinsky, 203–230. Washington, D.C.: Brookings Institution Press.

Luppa, Melanie, Tobias Luck, Siegfried Weyerer, Hans-Helmut König, Elmar Brähler, and Steffi G. Riedel-Heller. 2009. "Prediction of institutionalization in the elderly: a systematic review." *Age and Ageing*: afp202. Online resource. doi:10.1186/1479-5868-4-49.

Lynch, Kevin. 1981. *Good City Form*. Cambridge, Mass.: MIT Press.

Lynott, Jana, Jessica Haase, Kristin Nelson, Amanda Taylor, Hannah Twaddell, Jared Ulmer, Barbara McCann, and Edward R. Stollof. 2009. *Planning Complete Streets for an Aging America.* Washington, D.C.: AARP Public Policy Institute. http://assets.aarp.org/rgcenter/ppi/livcom/2009-12-streets.pdf.

Lytle, Leslie A. 2009. "Measuring the food environment: state of the science." *American Journal of Preventive Medicine* 36, 4S: S134–S144.

Mace, Ron. 1985. "Universal design, barrier-free environments for everyone." *Designers West* 33, 1: 147–152.

Maisel, Jordana. 2010. *Design Resources: DR-05 Levels in Inclusive Housing*. Buffalo, N.Y.: University of Buffalo, Center for Inclusive Design and Environmental Access. www.udeworld.com/documents/designresources/pdfs/LevelsofInclusiveHousing.pdf.

Maller, Cecily, Mardie Townsend, Anita Pryor, Peter Brown, and Lawrence St. Leger. 2005. "Healthy nature healthy people: contact with nature as an upstream health promotion intervention for populations." *Health Promotion International* 21, 1: 45–54.

Maller, Cecily, Mardie Townsend, Lawrence St. Leger, Claire Henderson-Wilson, Anita Pryor, Lauren Prosser, and Megan Moore. 2009. "Healthy parks, healthy people: the health benefits of contact with nature in a park context." *The George Wright Forum* 26,2: 51–83. http://search.proquest.com.ezp-prod1.hul.harvard.edu/docview/198432908?accountid=11311

Mang, Hong Anh. 2013. "Stakeholders' perceptions on the design and feasibility of the fused grid street network pattern." MLA thesis, University of Texas, Arlington.

Mansfield, Theodore, Daniel Rodriguez, Joseph Huegy, and Jacqueline Gobson. 2015. "The effects of urban form on ambient air pollution and public health risk: a case study in Raleigh, North Carolina." *Risk Analysis* 35, 5: 901–918.

Marquardt, Gesine. 2011. "Wayfinding for people with dementia: a review of the role of architectural design." *HERD: Health Environments Research & Design Journal* 4, 2: 75–90.

Marshall, Stephen. 2005. *Streets & Patterns: The Structure of Urban Geometry*. New York: Spon Press.

Marshall, Wesley Earl, and Norman W. Garrick. 2011. "Does street network design affect traffic safety? *Accident Analysis & Prevention* 43, 3: 769–781.

Martens, Karel. 2004. "The bicycle as a feedering mode: experiences from three European countries." *Transportation Research Part D: Transport and Environment* 9, 4: 281–294.

Maslow, Carey B., Stephen M. Friedman, Parul S. Pillai, Joan Reibman, Kenneth I. Berger, Roberta Goldring, Steven D. Stellman, and Mark Farfel. 2012. "Chronic and acute exposures to the world trade center disaster and lower respiratory symptoms: area residents and workers." *American Journal of Public Health* 102, 6: 1186–1194.

Massachusetts Institute of Technology. 2011. *The Density Atlas.* Online resource. http://densityatlas.org/casestudies.

Mattiello, Amalia, Paolo Chiodini, Elvira Bianco, Nunzia Forgione, Incoronata Flammia, Ciro Gallo, Renato Pizzuti, and Salvatore Panico. 2013. "Health effects associated with the disposal of solid waste in landfills and incinerators in populations living in surrounding areas: a systematic review." *International Journal of Public Health* 58, 5: 725–735.

McCormack, Gavin R., and Alan Shiell. 2011. "In search of causality: a systematic review of the relationship between the built environment and physical activity among adults." *International Journal of Behavioral Nutrition and Physical Activity* 8: 125. Online resource. doi:10.1186/1479-5868-8-125.

McGrath, Leslie J., Will G. Hopkins, and Erica A. Hinckson. 2015. "Associations of objectively measured built-environment attributes with youth moderate-vigorous physical activity: a systematic review and meta analysis." *Sports Medicine* 45,6: 841–865.

McLaughlin, P.D., B. Jones, and M.M. Maher. 2012. "An update on radioactive release and exposures after the Fukushima Dai-ichi nuclear disaster." *The British Journal of Radiology* 85: 1222–1225.

Michigan Department of Community Health. 2014. *Certificate of Need Review Standards for Hospital Beds.* www.michigan.gov/documents/mdch/HB_Standards_399445_7.pdf.

Miller, Wilhelmine D., Craig E. Pollack, and David R. Williams. 2011. "Healthy homes and communities: putting the pieces together." *American Journal of Preventive Medicine* 40, 1: S48–S57

Mills, G., H. Cleugh, R. Emmanuel, W. Endlicher, E. Erell, G. McGranahan, E. Ng, A. Nickson, J. Rosenthal, and K. Steemer. 2010. "Climate information for improved planning and management of mega cities (needs perspective)." *Procedia Environmental Sciences* 1: 228–246.

Mindell, J., J.P. Biddulph, A. Boaz, A. Boltong, S. Curtis, M. Joffe, K. Lock, and L. Taylor. 2006. *A Guide to Reviewing Evidence for use in Health Impact Assessment.* London: London Health Observatory. www.lho.org.uk/ Download/Public/10846/1/Reviewing%20EvidenceFinal%20v6.4_230806.

Monsere, Christopher M., Nick Foster, Jennifer Dill, and Nathan McNeil. 2014. *User Behavior and Perceptions at Intersections with Turning and Mixing Zones on Protected Bike Lanes.* Paper submitted for presentation at the Transportation Research Board 94th Annual Meeting, Washington, D.C., November 11–15, 2015. http://docs.trb.org/prp/15-1178.pdf.

Mooney, Patrick, and P. Lenore Nicell. 1992. "The importance of exterior environment for Alzheimer residents: effective care and risk management." *Health care Management Forum* 5, 2: 23–29.

Moran, Mika, Jelle Van Cauwenberg, Rachel Hercky-Linnewiel, Ester Cerin, Benedicte Deforche, and Pnina Plaut. 2014. "Understanding the relationships between the physical environment and physical activity in older adults: a systematic review of qualitative studies." *International Journal of Behavioral Nutrition and Physical Activity* 11. Online resource. doi: 10.1186/1479-5868-11-79.

Morrall, John, and Dan Bolger. 1996. "The relationship between downtown parking supply and transit use." *Ite Journal-Institute of Transportation Engineers* 66, 2: 32–36.

Morrison, David S., Mark Petticrew, and Hilary Thomson. 2003. "What are the most effective ways of improving population health through transport interventions? Evidence from systematic reviews." *Journal of Epidemiology and Community Health* 57, 5: 327–333.

Morrow-Jones, Hazel, and Mary Wenning. 2005. "The housing ladder, the housing life-cycle, and the housing life-course: upward and downward movement among repeat home-buyers in a U.S. metropolitan housing market." *Urban Studies* 42, 10: 1739–1754.

Moudon, Anne Vernez. 2009. "Real noise from the urban environment: how ambient community noise affects health and what can be done about it." *American Journal of Preventative Medicine* 39, 2: 167–171.

Mukhija, Vinit, and Donald Shoup. 2006. "Quantity versus quality in off-street parking requirements." *Journal of the American Planning Association* 72, 3: 296–308.

Murayama, Hiroshi, Yoshinori Fujiwara, and Ichiro Kawachi. 2012. "Social capital and health: a review of prospective multilevel studies." *Journal of Epidemiology* 22, 3: 179–187.

Murphy, Enda, and Eoin King. 2015. *Environmental Noise Pollution: Noise Mapping, Public Health, and Policy.* Burlington, Mass.: Elsevier.

Nasar, Jack L., and Jennifer Evans-Cowley, eds. 2007. *Universal Design and Visitability: From Accessibility to Zoning.* Columbus, Ohio: National Endowment for the Arts and John Glenn School of Public Affairs.

National Center for Healthy Housing and the American Public Health Association. 2014. *National Healthy Housing Standard.* Columbia, Md.: National Center for Healthy Housing. www.nchh.org/Portals/0/Contents/NHHS_Full_Doc.pdf.

National Consortium for the Study of Terrorism and Responses to Terrorism (START). 2012. *Global Terrorism Database.* Online resource. www.start.umd.edu/gtd.

National Geographic. 2015. *Style Manual.* Online resource. http://stylemanual.ngs.org.

Neuman, Michael. 2005. "The compact city fallacy." *Journal of Planning Education and Research* 25: 11–26.

Norris, Fran H., Matthew J. Friedman, Patricia J. Watson, Christopher M. Byrne, Eolia Diaz, and Krzysztof Kaniasty. 2002. "60,000 disaster victims speak: part I. An empirical review of the empirical literature, 1981–2001." *Psychiatry* 65, 3: 207–239.

NSW Health. 2009. *Healthy Urban Development Checklist.* Sydney, Australia: NSW Department of Health. www.health.nsw.gov.au/urbanhealth/Publications/healthy-urban-devcheck.pdf.

OECD. 2011. *How's Life? Measuring Well-being*. Paris: OECD Publishing. Online resource. http://dx.doi.org/10.1787/9789264121164-en.

Oka, Masayoshi. 2011. "Toward designing and environment to promote physical activity. "*Landscape Journal* 30: 2–11.

Olszewski, Piotr, and Sony Wibowo. 2005. "Using equivalent walking distance to assess pedestrian accessibility to transit stations in Singapore." *Transportation Research Record* 1927: 38–45.

Orians, Carlyn, Shyanika Rose, Brian Hubbard, John Sarisky, Letitia Reason, Tiffiny Bernichon, Edward Liebow, Bradley Skarpness, and Sharunda Buchanan. 2009. "Strengthening the Capacity of Local Health Agencies through Community-Based Assessment and Planning." *Public Health Reports* 124: 875-882.

Orians, Gordon H. 1986. "An ecological and evolutionary approach to landscape aesthetics." In *Meanings and Values in Landscape,* ed. E.C. Penning-Rowsell and D. Lwenthal, 3–25. London: Allen and Unwin.

Orians, Gordon H., and Judith H. Heerwagen. 1992. "Evolved responses to landscapes." In *The Adapted Mind,* ed. J. Barkow, J. Toobey, and L. Cosmides, 555–579. New York: Oxford University Press.

Orsega-Smith, Elizabeth, Andrew J. Mowen, Laura L. Payne, and Geoffrey Godbey. 2004. "The interaction of stress and park use on psychophysiological health in older adults." Journal of Leisure Research 36, 2: 232–257.

Owen, Neville, Nancy Humpel, Eva Leslie, Adrian Bauman, and James F. Sallis. 2004. "Understanding environmental influences on walking: review and research agenda." *American Journal of Preventive Medicine* 27, 1: 67–76.

Oxford English Dictionary. 2015. www.oed.com.

Park, Bum-Jin, Yuko Tsunetsugu, Hideki Ishii, Suguru Furuhashi, Hideki Hirano, Takahide Kagawa, and Yoshifumi Miyazaki. 2008. "Physiological effects of Shinrin-yoku (taking in the atmosphere of the forest) in a mixed forest in Shinano Town, Japan." *Scandinavian Journal of Forest Research* 23: 278–283.

Park, Chris. 2012. *A Dictionary of Environment and Conservation.* 1st ed. Online resource. Oxford University Press. DOI: 10.1093/acref/9780198609957.001.0001.

Park, Sohyun, Bettylou Sherry, Holly Wethington, and Liping Pan. 2012. "Use of parks or playgrounds: reported access to drinking water fountains among U.S. adults, 2009." *Journal of Public Health* 34, 1: 65–72.

Parkinson, Jonathan, Martin Mulenga, and Gordon McGranahan. 2010. "Provision of Water and Sanitation Services." In *Urban Health: Global Perspectives,* ed. Vlahov, David, Jo Ivey Boufford, Clarence Pearson, and Laurie Norris, 267–282. San Francisco: Wiley.

Participation Compass. 2016. Website. http://participationcompass.org.

Pascal, Mathilde, Laurence Pascal, Marie-Laure Bidono, Amandine Cochet, Hélène Sarter, Morgane Stempfelet, and Vérène Wagner. 2013. "A review of the epidemiological methods used to investigate the health impacts of air pollution around major industrial areas." *Journal of Environmental and Public Health* 2013:1–17. Online resource. http://dx.doi.org/10.1155/2013/737926.

Passini, Romedi. 1996. "Wayfinding design: logic, application and some thoughts on universality." *Design Studies* 17: 319–331.

Pawson, Ray. 2003. "*Assessing the Quality of Evidence in Evidence-Based Policy: Why, How and When.*" *Working Paper No. 1.* ESRC Research Methods Programme. Manchester, U.K.: University of Manchester. www.ccsr.ac.uk/methods.

Peacock, J., R. Hine, and J. Pretty. 2007. *Ecotherapy: The Green Agenda for Mental Health.* London: Mind.

Pearlman, Kenneth, and Nancy Waite. 1984. "Controlling land use and population growth near nuclear power plants." *Washington University Journal of Urban and Contemporary Law.* 27: 9–69.

Pelling, Mark. 2003. *The Vulnerability of Cities. Natural Disaster and Social Resilience.* London: Earthscan.

Perez-Padilla, R., A. Schilmann, and H. Riojas-Rodriguez. 2010. "Respiratory health effects of indoor air pollution." *The International Journal of Tuberculosis and Lung Disease* 14, 9: 1079–1086.

Perry, Clarence. 1929. "The neighborhood unit, a scheme of arrangement for the family-life community." In *Neighborhood and Community Planning Regional Survey, Volume VII.* New York: Regional Plan of New York and its Environs.

Perry, Clarence. 1939. *Housing for the Machine Age.* New York: Russell Sage Foundation.

Politechnico di Milano, DiAP, IAU île-de-France & Regione Emilia Romagna. 2007. *Planning Urban Design and Management for Crime Prevention Handbook. AGIS- Action SAFEPOLIS.* Brussels: European Commission Directorate-General Justice, Freedom and Security. www.veilig-ontwerp beheer.nl/publicaties/handbook-planning-urban-design-and management-for-crime-prevention/ at_download/file.

Porta, Daniela, Simona Milani, Antonio Lazzarino, Carlo Perucci, and Francesco Forastiere. 2009. "Systematic review of epidemiological studies on health effects associated with management of solid waste." *Environmental Health* 8, 1: 60.

Postel, Sandra. 1997. *Last oasis: facing water scarcity*. New York: WW Norton.

Powrie, William, and Paul Dacombe. 2006. "Sustainable waste management—what and how?" *Proceedings of the ICE-Waste and Resource Management* 159, 3: 101–116.

Preiser, Wolfgang F. E. and Korydon H. Smith, eds. 2011. *Universal Design Handbook*. 2nd ed. New York: McGraw Hill.

Prüss-Üstün, Annette, Carolyn Vickers, Pascal Haeflige , and Roberto Bertollini. 2011. "Knowns and unknowns on burden of disease due to chemicals: A systematic review." *Environmental Health* 10, 9. Online resource. doi:10.1186/1476-069X-10-9.

Pucher, John, and Ralph Buehler. 2008. "Making cycling irresistible: lessons from the Netherlands, Denmark, and Germany." *Transport Reviews*, 28: 495–528.

Pucher, John, Jennifer Dill, and Susan Handy. 2010. "Infrastructure, programs, and policies to increase bicycling: an international review." *Preventive Medicine* 50: S106–25.

Pushkarev, Boris, and Jeffrey M. Zupan. 1977. *Public Transportation and Land Use Policy*. Bloomington: Indiana University Press. documents/evaluating complete-streets-projects.pdf.

Ramsey, Charles George, Sleeper, Harold Reeve, Hoke, John Ray, and American Institute of Architects. 2000. *Ramsey/Sleeper Architectural Graphic Standards*. 10th ed. New York: John Wiley & Sons.

Rappe, Erja. 2005. *T"he Influence of a Green Environment and Horticultural Activities on the Subjective Well-Being of the Elderly Living in Long-Term Care.* " PhD dissertation, University of Helsinki. www.thl.fi/attachments arkkinen/Rappe_vaitoskirja.pdf.

Rees, Vaughan W., Robyn R. Keske, Kevin Blaine, David Aronstein, Ediss Gandelman, Vilma Lora, Clara Savage, and Alan C. Geller. 2014. "Factors influencing adoption of and adherence to indoor smoking bans among health disparity communities." *American Journal of Public Health*104, 10: 1928–34.

Regional Plan Association. 1976. *Where Transit Works: Urban Densities for Public Transportation*. New York: Regional Plan Association.

Reid, Colleen E., Marie S. O'Neill, Carina J. Gronlund, Shannon J. Brines, Daniel G. Brown, Ana V. Diez-Roux, and Joel Schwartz. 2009. "Mapping community determinates of heat vulnerability." *Environmental Health Perspectives* 117, 11: 1730–1736.

Reiter, Matthew S., and Kara M. Kockelman. 2015. "The Problem of Cold Starts: A Closer Look at Mobile Source Emissions Levels." In *Proceedings of the Annual Meeting of the TRB (January*, vol. 19, p. 20. www.caee.utexas.edu/prof/kockelman/public_html/TRB15cold-starts.pdf.

Resnick, Barbara, Lisa P. Gwyther, and Karen A. Roberto. 2011. *Resilience in Aging: Concepts, Research, and Outcomes*. New York, NY: Springer.

Reynolds, C., Anne Harris, Kay Teschke, Peter A. Cripton, and Meghan Winters. 2009. "The impact of transpor. tation infrastructure on bicycling injuries and crashes: a review of the literature." *Environmental Health* 8. Online resource. doi:10.1186/1476-069X-8-47.

Rimmer, James H., Barth Riley, Edward Wang, Amy Rauworth, and Janine Jurkowski. 2004. "Physical activity participation among persons with disabilities: barriers and facilitators." *American Journal of Preventive Medicine* 26: 419–425.

Roby, Helen. 2014. *A Supplementary Dictionary of Transport Studies*. Online resource. Oxford University Press. Online resource. doi: 10.1093/acref/9780191765094.001.0001.

Rocco, Lorenzo, and Marc Suhrcke. 2012. *Is Social Capital Good for Health?: A European Perspective*. Copenhagen: WHO Regional Office for Europe.

Rodrigue, Jean-Paul, Claude Comtois, and Brian Slack. 2006. *The Geography of Transport Systems*. London: Routledge.

Romero-Lankao, Patricia, Hua Qin, and Katie Dickinson. 2012. "Urban vulnerability to temperature-related hazards: a meta-analysis and meta knowledge approach." *Global Environmental Change* 22: 670–683.

Rosen, Erik, and Ulrich Sander. 2009. "Pedestrian fatality risk as a function of car impact speed." *Accident Analysis and Prevention* 41: 536–542.

Rosenthal, Joyce Klein, Patrick L. Kinney, and Kristina B. Metzger. 2014. "Intra-urban vulnerability to heat-related mortality in New York City, 1997–2006." *Health & Place* 30: 45–60.

Rosenzweig, Roy, and Elizabeth Blackmar. 1992. *The Park and the People*. Ithaca, N.Y.: Cornell University Press.

Rosso, Andrea L., Amy H. Auchincloss, and Yvonne L. Michael. 2011. "The urban built environment and mobility in older adults: a comprehensive review." *Journal of Aging Research* 1: 1–10.

Rowe, Peter, Ann Forsyth, and Har Ye Kan. 2016. *China's Urban Communities: Concepts, Contexts, and Well-being.* Berlin: Birkhauser.

Rowe, John W., and Robert L. Kahn. 1997. "Human aging: usual and successful." *Science* 237, 4811: 143–149.

Rowe, John, and Robert Kahn. 1987. "uman aging: usual and successful." *Science* 237,4811: 143–149.

Sacramento Transportation & Air Quality Collaborative (STAQC). 2005. *Best Practices for Universal Design.* Sacramento, Calif.: Sacramento Transportation & Air Quality Collaborative. www.sacta.org/pdf/STAQC/FinalReportII_BPUniversalDesign.pdf.

Saelens, Brian E., and Susan L. Handy. 2008. "Built environment correlates of walking: a review." *Medicine and Science in Sports and Exercise* 40, 7 Supp: S550–66.

Sallis, James F., and Karen Glanz. 2006. "The ole of built environments in physical activity, eating, and obesity in childhood." *The Future of Children* 16, 1: 89–108.

Sallis, James F., Heather R. Bowles, Adrian Bauman, Barbara E. Ainsworth, Fiona C. Bull, Cora L. Craig, Michael Sjöström, I. De Bourdeaudhuij, J. Lefevre, V. Matsudo, S. Matsudo, D. Macfarlane, L. Gomez, S. Inoue, N. Murase, V. Volbekiene, G. Mclean, H. Carr, L. Heggebo, H. Tomten, and P. Bergman. 2009. "Neighborhood environments and physical activity among adults in 11 countries." *American Journal of Preventive Medicine* 36, 6: 484–490.

Samet, Jonathan M. 2010. "Urban Air Quality." In *Urban Health: Global Perspectives*, ed. David Vlahov, Jo Ivey Boufford, Clarence Pearson, and Laurie Norris. San Francisco: Wiley.

Sampson, Robert J., Stephen Raudenbush, and Felton Earls. 1997. "Neighborhoods and Violent Crime: A Multilevel Study of Collective Efficacy." *Science* 277: 918–924.

Sampson, Robert J., and Stephen W. Raudenbush. 2001. *Disorder in Urban Neighborhoods: Does it Lead to Crime?* Washington, D.C.: U.S. Department of Justice, Office of ustice Programs, National Institute of Justice. www.scholar.harvard.edu/files/sampson files/2001_nij_raudenbush.pdf.

Saraiva, Miguel, and Paulo Pinho. 2011. "A comprehensive and accessible approach to crime prevention in the planning and design of public spaces." *Urban Design International* 16, 3: 213–226.

Schill, Michael H. 2005. "Regulations and housing development: what we know." *Cityscape* 8: 5–19.

Schneider, Richard H. and Ted Kitchen. 2007. *Crime Prevention in the Built Environment.* London: Routledge.

Scholes, Lian, D. Michael Revitt, and J. Bryan Ellis. 2008. "A systematic approach for the comparative assessment of stormwater pollutant removal potentials." *Journal of Environmental Management* 88, 3: 467–478.

Schueler, Thomas R. 2000. "Comparative pollutant removal capability of stormwater treatment practices." In *The Practice of Watershed Protection,* ed. T.R. Schueler and H.K. Holland. Elliot City, Md.: Center for Watershed Protection.

Schwab, James. 2011. *Hazard Mitigation: Integrating Best Practices into Planning.* Paper presented at Disaster Resilient Communities: A State-Level Executive Program in Resilience and Risk Management, University of New Orleans, June 24, 2011. http://scholarworks.uedu/ebr2011/1.

Schwarzenbach, Rene P., Thomas Egli, Thomas B.H ofstetter, Urs von Gunten, and Bernhard Wehrli. 2010. "Global water pollution and human health." *Annual Review of Environment and Resources* 35: 109–136.

Schweitzer, Lisa, and Zhou J. 2010. "Neighborhood air quality, respiratory health, and vulnerable populations in compact and sprawled regions." *Journal of the American Planning Association* 76: 363–371.

Scott, John. 2014. *A Dictionary of Sociology.* 4th ed. Oxford University Press. Online resource. doi: 10.1093/acref/9780199683581.001.0001.

Scott-Samuel, A., M. Birley, and K. Ardern. 2001. *The Merseyside Guidelines for Health Impact Assessment.* 2nd ed. Liverpool: International Health Impact Assessment Consortium.

Seadon, Jeffrey K. 2010. "Sustainable waste management systems." *Journal of Cleaner Production* 18, 16: 1639–1651.

Seadon, Jeffrey. 2006. "Integrated waste management–looking beyond the solid waste horizon." *Waste Management* 26, 12: 1327–1336.

Sepúlveda, Alejandra, Mathias Schluep, Fabrice G. Renaud, Martin Streicher, Ruediger Kuehr, Christian Hagelüken, and Andreas C. Gerecke. 2010. "A review of the environmental fate and effects of hazardous substances released from electrical and electronic equipments during recycling: examples from China and India." *Environmental Impact Assessment Reviewk*

Sharp, Joanne, Venda Pollock, and Ronan Paddison. 2005. "Just art for a just city: public art and social inclusion in urban regeneration." *Urban Studies* 42, 5–6: 1001–1023.

Shea, Katherine M., and the Committee on Environmental Health. 2007. "Global climate change and children's health." *Pediatrics* 120: e1359–e1367.

Shibata, Seiji, and Naoto Suzuki. 2002. "Effects of the foliage plant on task performance and mood." Journal of *Environmental Psychology* 22, 3: 265–272.

Shoup, Donald. 2005. *Parking Cash Out (PAS 532).* Chicago: American Planning Association.

Sirven, Nicolas, and Thierry Debrand. 2012. "Social capital and health of older Europeans: causal pathways and health inequalities." *Social Science & Medicine* 75, 7: 1288–1295.

Skiba, Isabella, and Rahel Zuger. 2009. *Barrier-Free Planning.* Basel, Switzerland: Birkhauser.

Slotterback, Carissa, Ann Forsyth, Kevin Krizek, Amanda Johnson, and Ali Pennucci. 2011. "Testing three health impact assessment tools in planning: a process evaluation." *Environmental Impact Assessment Review* 31: 144–153.

Sobal, Jeffery, and Brian Wansink. 2007. "Kitchenscapes, tablescapes, platescapes, and foodscapes: influences of microscale built environments on food intake." *Environment and Behavior* 39: 124–142.

Sovocool, Kent A., Mitchell Morgan, and Doug Bennett. 2006. "An in-depth investigation of Xeriscape as a water conservation measure." *Journal of the American Water Works Association* 98,2: 82–93.

Stanke, Carla, Virginia Murray, Richard Amlot, Jo Nurse, and Richard Williams. 2012. "The effects of flooding on mental health: outcomes and recommendations from a review of the literature." *PLoS Currents* 4. Online resource. doi: 10.1371/4f9f1fa9c3cae.

Stansfeld, Stephen, and Rosanna Crombie. 2011. "Cardiovascular effects of environmental noise: research in the United Kingdom." *Noise and Health* 13, 52: 229–233.

Stone, Brian, Jeremy J. Hess, and Howard Frumkin. 2010. "Urban form and extreme heat events: are sprawling cities more vulnerable to climate change than compact cities?" *Environmental Health Perspectives* 118, 10: 1425–1428.

Story, Mary, Karen M. Kaphingst, Ramona Robinson O'Brien, and Karen Glanz. 2008. "Creating Healthy Food and Eating Environments: Policy and Environmental Approaches." *Annual Review of Public Health* 29: 253–72.

Subramanian, S. V., Kimberly A. Lochner, and Ichiro Kawachi. 2003. "Neighborhood differences in social capital: a compositional artifact or a contextual construct?" *Health & Place* 9,1: 33–44.

Sugiyama, Takemi, Maike Neuhaus, Rachel Cole, Billie Giles-Corti, and Neville Owen. 2012. "Destination and route attributes associated with adults' walking: a review." *Medicine & Science in Sports & Exercise* 44, 7: 1275–86.

Sun, James, and Gord Lovegrove. 2013. "Comparing the road safety of neighbourhood development patterns: traditional versus sustainable communities." *Canadian Journal of Civil Engineering* 40, 1: 35–45.

Suzuki, Hiroaki, Robert Cervero, and Kanako Iuchi. 2013. *Transforming Cities with Transit: Transit and Land Use Integration for Sustainable Urban Development.* Washington D.C.: World Bank.

Swinburn, Boyd, Gary Sacks, Kevin Hall, Klim McPherson, Diane Finegood, Marjory Moodie, and Steven Gortmaker. 2011. "The global obesity pandemic: shaped by global drivers and local environments." *Lancet* 378: 804–814.

Sykes, Andrew, Livingstone James, and Maurice Green.1967. *Cumbernauld 67: A Household Survey and Report. Occasional Paper Number 1.* Glasgow, Scotland: University of Strathclyde, Department of Sociology.

Taylor, Andrea Faber, Frances E. Kuo, and William C. Sullivan. 2001. "Coping with ADD: the surprising connection to green play settings." Environment and Behavior 33, 1: 54–77.

Taylor, Andrea Faber, and Frances E. Kuo. 2009. "Children with attention deficits concentrate better after walk in the park." Journal of Attention Disorders 12, 5: 402–09.

Taylor, B. D., and C. N. Y. Fink. 2013. "Explaining transit ridership: What has the evidence shown?" *Transportation Letters* 5, 1: 15–26.

Tchobanoglous, George, Franklin L. Burton, and H. David Stensel. 2002. *Wastewater Engineering: Treatment and Reuse.* New York: McGraw-Hill Science.

Tennessen, C.M., and B. Cimprich. 1995. "Views to nature: effects on attention " Journal of Environmental Psychology 15, 1: 77–85.

The Center for universal Design. 1997. *The Principles of Universal Design.* Version 2.0. Raleigh: North Carolina State University.

Thompson, Hilary, and Sian Thomas. 2015. "Developing empirically supported theories of change for housing investment and health." *Social Science & Medicine* 124: 205–214.

Timperio, Anna, David Crawford, Amanda Telford, and Jo Salmon. 2004. "Perceptions about the local neighborhood and walking and cycling among children." *Preventive Medicine* 38, 1:39–47.

Timperio, Anna, Kylie Ball, Jo Salmon, Rebecca Roberts, Billie Giles-Corti, Dianne Simmons, Louise A. Baur, and David Crawford. 2006. "Personal, family, social, and environmental correlates of active commuting to school." *American Journal of Preventive Medicine* 30, 1: 45–51.

Transit Cooperative Research Program (TCRP). 1995. "An Evaluation of the Relationships Between Transit and Urban Form." *Research Results Digest 7*.Online resource. http://onlinepubs.trb.org/Onlinepubs/tcrp/tcrp_rrd_07.pdf.

Transit Cooperative Research Program (TCRP). 1998. "Continuing examination of successful transit ridership initiatives." *Research Results Digest*, 29. http://onlinepubs.trb.org/Onlinepubs/tcrp/tcrp_rrd_29.pdf.

Trost, Stewart G., Neville Owen, Adrian E. Bauman, James F. Sallis, and Wendy Brown. 2002. "Correlates of adults' participation in physical activity: review and update." *Medicine & Science in Sports & Exercise* 34,12: 1996–2001.

Tsai, Alexander C. 2015. "Home foreclosure, health, and mental health: a systematic review of individual, aggregate, and contextual associations." *PLoS One* 10,4: e0123182. Online resource. doi: 10.1371/journal.pone.0123182.

Tsunetsugu, Y., Y. Miyazaki, and H. Sato. 2005. "Visual effects of interior design in actual-size living rooms on physiological responses." *Building and Environment* 40,10: 1341–1346.

Tsunetsugu, Yuko, Yoshifumi Miyazaki, and Hiroshi Sato. 2007. "Physiological effects in humans inducedby the visual stimulation of room interiors with different wood quantities." *Journal of Wood Science* 53, 1: 11–16.

Tveit, M.S., A.O. Sang, and C.M. Hägerhall. 2007. "Scenic Beauty: Visual Landscape Assessment and Human Landscape Perception." In *Environmental Psychology: An Introduction,* ed. L. Steg, A. E. van den Berg, and J. I. De Groot, 37–46. Chicester, U.K.: Wiley.

UCL Institute of Healthy Equity. 2014. *Review of Social Determinants and the Health Divide in the WHO European Region: Final Report.* Updated Reprint. Denmark: WHO Regional Office for Europe.

Ulrich, R.S. 2002. *Health Benefits of Gardens in Hospitals.* Paper for conference, Plants for People, Proceedings of the International Exhibition Floriade, Haarlemmermeer, Netherlands.

Ulrich, Roger S. 1984. "View through a window may influence recovery from surgery." *Science* 224: 420–421.

Ulrich, Roger. 1999. "Effects of gardens on health outcomes: theory and research." In *Healing Gardens: Therapeutic Benefits and Design Recommendations* ed. Clare Cooper Marcus and Marni Barnes, 27–86. New York: Wiley.

United Kingdom Ministry of Transport. 1963. *Traffic in Towns*. London: HMSO.

United Nations (UN). 2004. *World Population to 2300.* New York: United Nations Population Division. www.un.org/en/development/desa/population/publications/pdf/trends/WorldPop2300final.

United Nations Scientific Committee on the Effects of Atomic Radiation (UNSCEAR). 2008. *Sources and Effects of Ionizing Radiation. Report to the General Assembly with Scientific Annexes*. Volume 1. New York: United Nations.

United Nations, Department of Economic and Social Affairs (UNDESA), Population Division. 2013. *World Population Prospects: The 2012 Revision.* New York: United Nations. http://esa.un.org/unpd/wpp/Publications/Files/WPP2012_Volume-II Demographic-Profiles.pdf

United Nations, Department of Economic and Social Affairs (UNDESA), Population Division. 2014. *World Urbanization Prospects: The 2014 Revision, Highlights (ST/ESA/SER.A/352).* New York: United Nations. http://esa.un.org/unpd/wup/Highlights/WUP2014-Highlights.pdf.

United Nations, Department of Economic and Social Affairs (UNDESA), 2015. Population Division. 2015. *World Urbanization Prospects: The 2015 Revision, Highlights (ST/ESA/SER.A/352).* New York: United Nations. http://esa.un.org/unpd/wpp/Publications/Files/Key_Findings_WPP_2015.pdf.

United States Centers for Disease Control and Prevention (U.S. CDC). 2009. *Physical Inactivity and People with Disabilities.* Atlanta: CDC. www.cdc.gov/ncbddd/documents/physical-inactivity-tip-sheet-_phpa_1.pdf.

United States Centers for Disease Control and Prevention (U.S. CDC). 2013. *Well-being Concepts*. www.cdc.gov/hrqol/wellbeing.htm.

United States Centers for Disease Control and Prevention (U.S. CDC). 2015a. *Health in All Policies*. www.cdc.gov/policy/hiap.

United States Centers for Disease Control and Prevention (U.S. CDC). 2015b. Assessment and planning models, frameworks, and tools. www.cdc.gov/stltpublichealth/cha/assessment.html.

United States Census Bureau. 2015. International Data Base (IDB). Online Resource. www.census.gov/population/international/data/idb/informationGateway.php.

United States Department of Health and Human Services (U.S. HHS). 1993. *Guidelines for Primary Medical Care/Dental HPSA Designation.* (Codified 42 CFR Chapter 1, Part 5). Online resource. http://bhpr.hrsa.gov/shortage/hpsas/designationcriteria/medicaldentalhpsaguidelines.html.

United States Environmental Protection Agency (U.S. EPA). 2002. *Solid Waste Management: A Local Challenge with Global Impacts.* www.epa.gov/osw/nonhaz/municipal/pubs/ghg/f02026.pdf.

United States Environmental Protection Agency (U.S. EPA). 2013. *A Review of Health Impact Assessments in the U.S.: Current State-of-Science, Best Practices, and Areas for Improvement.* www2.epa.gov/sites/production/files/2015-03/documents/review-hia.pdf.

United States Nuclear Regulatory Commission (U.S. NRC). 2014. Regulation 100.11. *Determination of exclusion area, low population zone, and population center distance.* Online resource. www.nrc.gov/reading rm/doc-collections/cfr/part100/ part100-0011.html.

University of Kansas. 2013. Section 4, Community Tool Box. *Ensuring Access for People with Disabilities.* Online resource. Work Group for Community Health and Development. http://ctb.ku.edu/en/table-of-contents/implement/phsyical-social-environment/housing-accessibility disabilities/main.

University of Kansas. 2015a. *Toolkit 2: Assessing Community Needs and Resources.* Box. Online resource. Work Group for Community Health and Development. http://ctb.ku.edu/en/assessing-community-needs-and resources.

University of Kansas. 2015b. Toolkit 12: *Evaluating the Initiative.* In The CommunityTool Box. Online resource. Work Group for Community Health and Development. http://ctb.ku.edu/en/evaluating-initiative.

Urban Land Institute (ULI). 2015. *Building Healthy Places Toolkit: Strategies for Enhancing Health in the Built Environment.* Washington, D.C.: Urban Land Institute.

Uscher-Pines, Lori. 2009. "Health effects of relocation following disaster: a systematic review of the literature." *Disasters* 33, 1: 1–22.

Van Cauwenberg, Jelle, Ilse De Bourdeaudhuij, Femke De Meester, Delfien Van Dyck, Jo Salmon, Peter Clarys, and Benedicte Deforche. 2011. "Relationship between the physical environment and physical activity in older adults: a systematic review." *Health & Place* 17, 2: 458–469.

Van den Berg, Agnes E., Terry Hartig, and Henk Staats. 2007. "Preference for Nature in urbanized societies: stress, restoration, and the pursuit of sustainability." *Journal of Social Issues* 63, 1: 79–96.

Van Holle, Veerle, Benedicte Deforche, Jelle Van Cauwenberg, Liesbet Goubert, Lea Maes, Nico Van de Weghe, and Ilse De Bourdeaudhuij. 2012. "Relationship between the physical environment and different domains of physical activity in European adults: a systematic review." *BMC Public Health* 12, 1: 807. Online resource. doi: 10.1186/1471-2458-12-807.

van Kamp, Irene, and Hugh Davies. 2013. "Noise and health in vulnerable groups: a review." *Noise & Health* 15, 64: 153–159.

van Kempen, Elise E.M.M., Hanneke Kruize, Hendriek C. Boshuizen, Caroline B. Ameling, Brigit A.M. Staatsen, and Augustinus E.M. de Hollander. 2002. "The association between noise exposure and blood pressure and ischemic heart disease: a meta -analysis." *Environmental Health Perspectives* 110, 3: 307–317.

van Stralen, Maartje M., Hein De Vries, Aart N. Mudde, Catherine Bolman, and Lilian Lechner. 2009. "Determinants of initiation and maintenance of physical activity among older adults: a literature review." *Health Psychology Reviews* 3, 2: 147–207.

Visser, Johan, Toshinori Nemoto, and Michael Browne. 2014. "Home delivery and the impacts on urban freight transport: a review." *Procedia-Social and Behavioral Sciences* 125: 15–27.

Vogt, W. Paul. 1993. *Dictionary of Statistics and Methodology.* Newbury Park, Calif.: Sage.

Vuchic, Vukan R. 2007. *Urban Transit Systems and Technology.* Hoboken, N.J.: John Wiley & Sons.

Wamsler, Christine. 2014. *Cities, Disaster Risk and Adaptation.* London: Routledge.

Wang, Xiaochang C. 2015. *Water Cycle Management: A New Paradigm of Wastewater Reuse and Safety Control.* Berlin: Springer.

Wanner, Miriam, Thomas Götschi, Eva Martin-Diener, Sonja Kahlmeier, and Brian W. Martin. 2012. "Active transport, physical activity, and body weight in adults: a systematic review." *American Journal of Preventive Medicine* 42, 5: 493–502.

Wei, Vicky Feng, and Gord Lovegrove. 2012. "Sustainable road safety: A new (?) neighbourhood road pattern that saves VRU lives."*Accident Analysis & Prevention* 44, 1: 140–148.

Wells, Nancy, and Kimberly Rollings. 2012. "The natural environment: Influences on human health and function." In *The Handbook on Environmental and Conservation Psychology*, ed. S. Clayton. New York: Oxford University Press.

Wells, Nancy M. 2000. "At home with nature: effects of greenness on children's cognitive functioning." *Environment and Behavior* 32, 6: 775–795.

Wells, Nancy M., Susan P. Ashdown, Elizabeth HS Davies, F. D. Cowett, and Yizhao Yang. 2007. "Environment, design, and obesity: opportunities for interdisciplinary collaborative research." *Environment and Behavior* 39, 1, 6–33.

Welsh, Brandon C. and David P. Farrington. 2008. "Effects of improved street lighting on crime." *Campbell Systematic Reviews* 13:1–46. www.crim.cam.ac.uk/people/academic_research/david_farrington/light.pdf.

Wendel-Vos, W., M. Droomers, S. Kremers, J. Brug, and F. van Lenthe. 2007. "Potential environmental determinants of physical activity in adults: a systematic review." *Obesity Reviews* 8: 425–440.

Whiston-Spirn, Ann. 1986. *Air Quality at Street-Level: Strategies for Urban Design.* Prepared for Boston Redevelopment Authority. www.annewhistonspirn.com/pdf/Air-Quality_1986.pdf.

White, Daniel K., Alan M. Jette, David T. Felson, White, Daniel K., Alan M. Jette, David T. Felson, Michael P. LaValley, Cora E. Lewis, James C. Torner, Michael C. Nevitt, and Julie J. Keysor. 2010. "Are features of the neighborhood environment associated with disability in older adults?" *Disability and Rehabilitation* 32, 8: 639–645.

Williamson, Thad. 2010. *Sprawl, Justice, and Citizenship: The Civic Costs of the American Way of Life.* Oxford, U.K.: Oxford University Press.

Wilson, E.O. 1984. *Biophilia: The Human Bond with Other Species.* Cambridge, Mass.: Harvard University Press.

Wisetjindawat, Wisinee. 2010. "Review of good practices in urban freight transportation." In *Transport and Communications Bulletin for Asia and the Pacific,* ed.United Nations Economic and Social Commission for Asia and the Pacific (ESCAP), 44–60. angkok: United Nations ESCAP. www.nttfc.org/reports/intl/Sustainable%20Urban%20Freight%20Transport%20b80_fulltext.pdf#page=53.

Wisner, Ben, Piers Blaikie, Terry Cannon, and Ian Davis. 2004. *At Risk: Natural Hazards, People's Vulnerability and Disasters.* London: Routledge.

World Bank. 2015. *Overview: Social Capital.* Online resource http://go.worldbank.org/C0QTRW4QF0.

World Health Organization (WHO). 1999. *Community Noise Guidelines.* Geneva: World Health Organization.

World Health Organization. 2001. *Community Health Needs Assessment.* Copenhagen: World Health Organization. www.euro.who.int/__data/assets/pdf_file/0018/102249/E73494.pdf.

World Health Organization (WHO). 2006, orig 1946. *Constitution of the World Health Organization.* 45th ed. Online resource. www.who.int/governance/eb/who_constitution_en.pdf.

World Health Organization (WHO). 2007. *Global Age-Friendly Cities: A Guide.* Geneva: World Health Organization. www.who.int/ageing/publications/Global_age_friendly_cities_Guide_English.pdf.

World Health Organization. (WHO). 2008. *Speed Management: a Road Safety Manual for Decision-makers and Practitioners.* Geneva: Global Road Safety Partnership.

World Health Organization (WHO). 2011. *Burden of Disease from Environmental Noise.* Copenhagen: World Health Organisation. www.euro.who.int/__data/assets/pdf_file/0008/136466/e94888.pd .

World Health Organization (WHO). 2012. *Burden of Disease from Household Air Pollution for 2012.* Geneva: World Health Organization. www.who.int/phe/health_topics/outdoorair/databases/HAP_BoD_results_March2014.pdf?ua=1.

World Health Organization (WHO). 2013a. *Disability and Health.* Fact sheet N°352. Geneva: World Health Organization. www.who.int/mediacentre/factsheets/fs352/e.

World Health Organization. (WHO). 2013b. *Global Status Report on Road Traffic Safety 2013: Supporting a Decade of Action.* Geneva: World Health Organization. www.who.int/violence_injury_prevention/road_safety_status/2013/e/.

World Health Organization. (WHO). 2014. *Ambient (Outdoor) Air quality and Health.* Fact sheet N°313.

Geneva: World Health Organization. www.who.int/mediacentre/factsheets/fs311/e/.

World Health Organization (WHO). 2015a. *Road safety*. Geneva: World Health Organization.www.who.int/gho/road_safety/en.

World Health Organization (WHO). 2015b. *Health and Environment Linkages Initiative - Priority Environment and Health Risks*. Geneva: World Health Organization. Online resource. www.who.int/heli/risks/en.

World Health Organization. 2016. *Social Determinants of Health*. Geneva: World Health Organization. www.who.int/social_determinants/en.

World Meteorological Organization. 2015. DRR Defini tions. Online resource. //www.wmo.int/pages/prog/drr/resourceDrrDefinitions_en.html

Yang, Lin, Shannon Sahlqvist, Alison McMinn, Simon J. Griffin, and avid Ogilvie. 2010. "Interventions to promote cycling: systematic review." *BMJ: British Medical Journal* 341: 870.

Zavestoski, Stephen, and Julian Agyeman, eds. 2014. *Incomplete Streets: Processes, Practices, and Possibilities*. New York: Routledge.

Zhang, Junfeng, Denise L. Mauzerall, Tong Zhu, Song Liang, Majid Ezzati, and Justin V. Remais. 2010. "Environmental health in China: progress towards clean air and safe water." *The Lancet* 375, 9720: 1110–1119.

Zhou, Ying, and Jonathan I. Levy. 2007. "Factors influenc ing the spatial extent of mobile source air pollution impacts: a meta-analysis." *BMC Public Health* 7:89. Online resource. doi: 10.1186/1471-2458-7-89.

Zube, Erwin H., and David G. Pitt. 1981. "Cross-cultural perception of scenic and heritage landscapes." *Landscape Planning* 8: 69–81.

译后记

联合国预测，到21世纪中叶将有三分之二的世界人口居住在城市。尽管城市化的发展为现代都市大众生活提供了诸多便利，但同时也产生了许多新的难题和挑战。不断增长的城市人口，加大了对土地、住房、食物、交通和就业等方面的需求，这同时也造成了拥堵、污染、安全、压力，甚至疾病等一系列影响健康的城市问题。2020年一场突如其来的全球疫情更是前所未有地改变了人们过往的生活方式，城市社区成为风险管控的基本空间单元，个人出行需要出示特定的“健康”证明，会议、研讨、教学等活动更多地在线上虚拟空间中开展，控制社交距离也被认为是公共空间中的重要考虑，这一切促使“健康”进一步成为当下城市生活关注和讨论的重点话题。

面对如此复杂多变的挑战，我们应该如何通过环境的规划和设计实现营造健康社区的目标？让人们在城市社区中更健康地生活、工作和交往。健康社区是一个能够为居民提供休闲活动空间方便交流与沟通的环境？是一个能够为居民提供可靠食品，清洁安全的环境？还是一个能够有利于各种人群进行健康行为的环境？又或者是一个远离各种危害风险影响的环境？很明显，如果仅仅只是解决以上的某一两个问题，还难以满足社会大众对不同健康维度的需求。从既有城市生活的现实来看，从物质到精神、从个体到群体，从社区到城市之间无不存在着与人们身心健康息息相关的种种可见或不可见的因素。毫无疑问，营造健康社区是一项复杂的工作，涉及不同专业视角，并且需要综合多种因素。

本书基于营造健康社区的目标，整合了已有研究成果，构建了一系列具体的原则、建议和行动措施，涉及物理环境、政策条例、社会因素等诸多内容。正如作者所言，本书为营造健康社区这项实践提供了一个可实施的框架性指导。更重要的是，对于规划师、风景园林师、建筑师、开发者及政策制定者来说，书中的内容有助于从健康的角度帮助他们理解并改进现有的环境、实施方案或具体项目，它们既涵盖了健康社区营造的实践流程，也涉及了营造过程中的具体内容。

本书的翻译工作历时一年有余，分为四个阶段，在初译阶段衷心感谢罗玮菁、李海薇、侯咏淇、方言、林晓玲、梁婉莹、雷丹杨、范榆钧、钟艳芬、陈蔼婷、卢佳良等同学的支持和帮助。第二阶段的意译和语句表达，及第三阶段的审校由夏宇和笔者负责。最后，于一凡老师为本书的最终稿进行审校。虽然从内容来看，本书的翻译难度并不大，但由于涉及一些专业名称的内容，我们为此花费了大量时间，尽力通过相关资料核实选择合适的中文表述。此外，由于翻译工作时间紧迫，我们也难以再次将全书译稿反复一一核实，如有不当之处，还请广大读者理解并批评指正。

特别感谢中国建筑工业出版社董苏华和张鹏伟两位老师的支持和帮助，以及哈佛大学设计研究生院安·福赛斯教授的信任，没有他们的帮助，本书的出版难以实现。当下健康社区已经成为社会关注的重点，希望本书的出版能够为此提供参考和帮助。

陈崇贤

2021 年 10 月于广州